JN068081

Exercise book for Astronomy-Space Test

天文宇宙検定

公式問題集

—— 天文宇宙博士 ——

天文宇宙検定委員会 編

恒星社厚生閣

天文宇宙検定とは

科学は本来楽しいものです。楽しさは、意外性、物語性、関係性、歴史性、予言力、洞察力、発展性などが、具体的なものを通じて語られる必要があります。そして何よりも、それを伝える人が楽しまなければなりません。人と人が接し合って伝え合うことの大切さを見直してみる必要があるでしょう。

宇宙とか天文は、科学をけん引していく重要な分野です。天文宇宙検定は、単に知識の有無を検定するのではなく、「楽しく」、「広がりを持つ」、「考えることを通じて何らかの行動を起こすきっかけをつくる」検定でありたいと願っています。

個人の楽しみだけに閉じず、多くの市民に広がり、生きた科学に生身で接する検定を目指しておりますので、みなさまのご支援をよろしくお願いいたします。

総合研究大学院大学名誉教授
池内　了

天文宇宙検定１級問題集について

本書は第２回（2012 年実施）〜第９回（2019 年実施）の天文宇宙検定１級試験に出題された過去問題と、予想問題を掲載しています。

・２ページ（見開き）ごとに問題、正解・解説を掲載しました。

・過去問題の正答率は、解説の右下にあります。

天文宇宙検定１級は公式参考書として『極（きょく）・宇宙を解く―現代天文学演習』（福江 純・沢 武文・高橋真聡編、恒星社厚生閣刊）を採用しています。検定問題の４割程度は公式参考書の範囲内から出題いたします。本書では、公式参考書からの出題は解答ページに「☞参考書○章○節」と示しました。

天文宇宙検定　受験要項

受験資格　天文学を愛する方すべて。２級からの受験も可能です。年齢など制限はございません。
※ただし、１級は２級合格者のみが受験可能です。

出題レベル

１級 天文宇宙博士（上級）
理工系大学で学ぶ程度の天文学知識を基本とし、天文関連時事問題や天文関連の教養力を試したい方を対象。

２級 銀河博士（中級）
高校生が学ぶ程度の天文学知識を基本とし、天文学の歴史や時事問題等を学びたい方を対象。

３級 星空博士（初級）
中学生が学ぶ程度の天文学知識を基本とし、星座や暦などの教養を身につけたい方を対象。

４級 星博士ジュニア（入門）
小学生が学ぶ程度の天文学知識を基本とし、天体観測や宇宙についての基礎的知識を得たい方を対象。

問題数　１級／ 40 問　２級／ 60 問　３級／ 60 問　４級／ 40 問

問題形式　マークシート４者択一方式　　試験時間　50 分

合格基準　１級・２級／ 100 点満点中 70 点以上で合格
３級・４級／ 100 点満点中 60 点以上で合格
※ただし、１級試験で 60 〜 69 点の方は準１級と認定します。

試験の詳細につきましては、下記ホームページにてご案内しております。

http://www.astro-test.org/

Exercise book for Astronomy-Space Test

天文宇宙検定

CONTENTS

天文宇宙検定とは ………… 3

天文宇宙検定1級問題集について／受験要項 ………… 4

1章 観測 ………… 7

2章 理論 ………… 53

3章 宇宙開発 ………… 103

4章 天文学その他 ………… 121

5章 天文時事 ………… 139

6章 関連分野 ………… 149

EXERCISE BOOK FOR ASTRONOMY-SPACE TEST

観測

Q1

1ラジアンはおよそ何度か。

① 約10°
② 約60°
③ 約90°
④ 約180°

Q2

10万個の太陽を並べると天球全体を覆い尽くすことができる。太陽の見かけの拡がりは何ステラジアンぐらいになるか。

① 100万分の1ステラジアン
② 10万分の1ステラジアン
③ 1万分の1ステラジアン
④ 1000分の1ステラジアン

Q3

図はクェーサー 3C 273のスペクトルである。クェーサー 3C 273の赤方偏移はどれぐらいか。

① 0.016
② 0.16
③ 1.6
④ 図からでは
　わからない

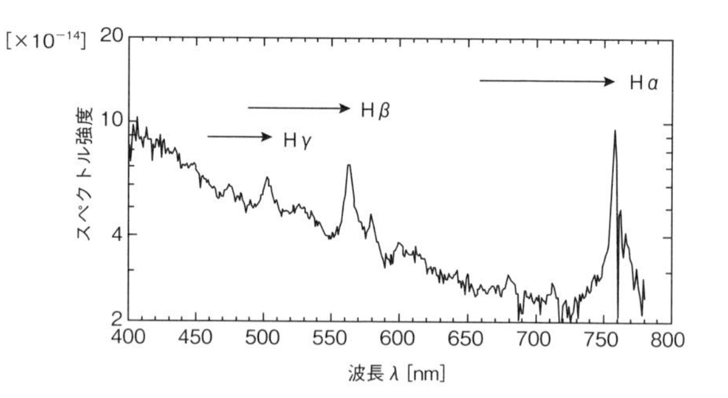

Q4 オゾン層について述べた次の文のうち、誤っているものを選べ。

① オゾン層は成層圏内の高度約10～50 kmにかけて分布する
② オゾン層は太陽からの紫外線の大部分を吸収して、地表よりも遥かに温度が高くなっている
③ 地球の誕生時には大気中に酸素がなかったため、オゾン層はほとんど存在していなかった
④ 金星や火星にもオゾン層が存在することが確認されている

Q5 木星の衛星エウロパについての記述のうち、適切なものを選べ。

① 液体の水（H_2O）の海が表面に存在すると考えられている
② 液体の水（H_2O）の海が地下に存在すると考えられている
③ 液体のメタンの海が表面に存在することがわかっている
④ 液体のメタンの海が地下に存在することがわかっている

Q6 皆既日食中に肉眼で見える太陽のコロナが乳白色に輝いている理由はどれか。

① 高温で励起した水素ガスが、原子スペクトル線を放射している
② 高温で電離した水素ガスが、再結合線を放射している
③ コロナ中に含まれる陽子が太陽光を散乱している
④ コロナ中に含まれる電子が太陽光を散乱している

② 約60°

弧度方の角度θは、半径をr、弧の長さをlとして、$\theta=l/r$で定義される。したがって、半径と同じ長さの弧を見込む角度が1ラジアンとなる。円周全体360°が2πラジアンなので、1ラジアン＝360°/(2π)＝57.3°＝約60°となる。（☞参考書1章1節）

③ 1万分の1ステラジアン

ステラジアンは、弧度法を円周から球面に発展させた立体角の単位。球面の面積Sを半径rの2乗で割ったもので、立体角Ωを、$\Omega=S/r^2$と定義する。このときの“単位”がステラジアンになる。球面（天球）全体を見込む立体角は、球面全体の表面積が$4\pi r^2$なので、$4\pi r^2/r^2=4\pi$ステラジアン＝約12ステラジアンとなる。太陽の見かけの拡がりは、その10万分の1なので、約1万分の1ステラジアンとなる。（☞参考書1章1節） 第9回正答率48.7%

② 0.16

水素のバルマー線の1つであるHα線の波長は$\lambda_0=656.3$ nmだが、赤方偏移によって図ではだいたい$\lambda=760$ nmぐらいに位置している。波長の相対的なずれから赤方偏移zを計算すると、

$$z=\lambda/\lambda_0-1=760/656.3-1=1.158-1=0.158\fallingdotseq0.16$$

となる。

第7回正答率82.5%

② オゾン層は太陽からの紫外線の大部分を吸収して、地表よりも遥かに温度が高くなっている

大気中のオゾン（O_3）は成層圏（高度約10～50 km）に約90%存在している。オゾンを多く含む大気の層は「オゾン層」と呼ばれる。対流圏では上空に行くほど気温が下がるのだが、成層圏ではオゾン層が紫外線を吸収するため、高度が上がるにつれて気温は上昇するが、地表よりは低い（中間圏より上空では気温は下がって行く）。このオゾンは、酸素分子に太陽からの紫外線が作用して生成されるのだが、原始大気には酸素はほとんど含まれていなかったため、元々はオゾン層はほとんど存在していなかった。現在のような厚いオゾン層の形成には、原始地球の微生物が光合成によって生み出した酸素が重要な役割を果たしたと考えられている。火星に薄いオゾン層が存在していることは、NASAの探査機「マリナー９号」により知られており、金星についてはESAの金星探査機「ビーナスエクスプレス」によって2011年に確認されている。（☞参考書2章12節）

② 液体の水（H_2O）の海が地下に存在すると考えられている

木星・土星系にも探査機が飛ばされ、様々な新しい事実が明らかになってきている。エウロパの表面は探査機「ガリレオ」による分光観測などから水の氷で覆われていることが明らかになっており、また表層に浮かぶカオス地形の形状などから、その下には液体の水が広がって海を形成していると考えられている。③の液体のメタンの海が表面に存在するのは土星の衛星タイタン。

④ コロナ中に含まれる電子が太陽光を散乱している

太陽のコロナには、肉眼でみえる通常のコロナ（Kコロナ）、ダストの散乱で光っているFコロナ（遠方では黄道光に続いている）、そして輝線の放射によるEコロナなどがある。肉眼でみえるKコロナ、いわゆるホワイトコロナは、高温コロナ中でほぼ完全に電離した水素に含まれていた電子が、直近の太陽光を散乱したもの（トムソン散乱）である。電子散乱は波長に依存しないので、ホワイトコロナの色は太陽光の色に他ならない。

第2回正答率30.5%

Q
7

図は太陽表層の温度分布と密度分布を示したものである。図のBの領域を何と呼ぶか。

① 彩層
② 変位層
③ 遷移層
④ 光球

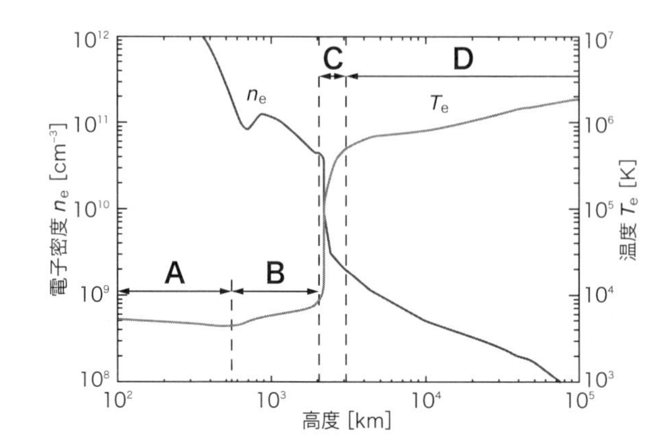

Q
8

太陽風に関連する記述として正しいものを選べ。

① 太陽風とは、太陽表面から遠方の星間空間へ、水素分子が高速で流れ出す現象である
② 太陽風の直接観測は、1962年に打ち上げられた金星探査機「マリナー2号」によって初めて行われた
③ 流星痕の振る舞いから、太陽風の存在は古くから間接的に知られていた
④ 1958年にユージン・パーカーは、静止コロナ解が無限遠方まで適用可能であることを示した

Q 9

図の写真の天体の名前は何か。

©NASA/JPL/SSI

① エウロパ
② ガニメデ
③ エンケラドス
④ タイタン

Q 10

小惑星の大きさを精度よく測定する方法として適切でないものを選べ。

① 小惑星を可視光と赤外線の両方で観測する
② 小惑星の軌道を精度よく求める
③ 小惑星が恒星の前を横切る掩蔽(えんぺい)現象を観測する
④ 小惑星探査機を接近させて測定する

Q 11

次のうち、太陽から最も遠い天体の写真はどれか。

①
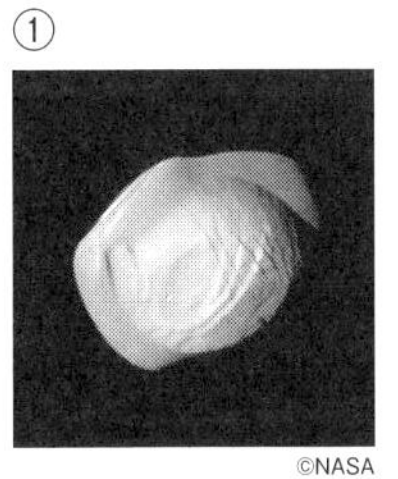
©NASA

②

©ESA

③
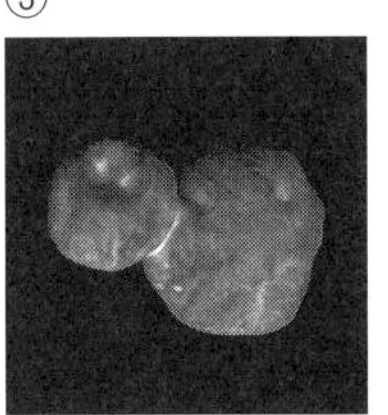
©NASA

④
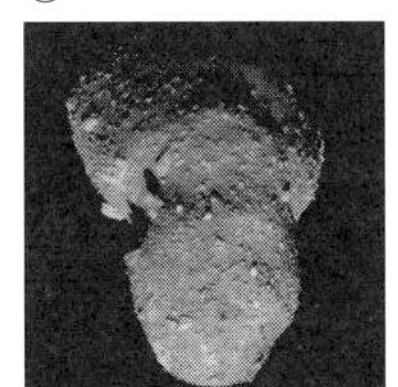
©JAXA

① 彩層

太陽の見えている本体を光球（図のA）と呼ぶ。光球の外側の上空へ向けて温度が増加する領域が彩層（図のB）である。彩層上層で、コロナ（図のD）へ向けて急激に温度が上昇する領域が遷移層（図のC）である。温度と逆に、電子密度は彩層で急激に減少する。
（☞参考書2章14節）

② 太陽風の直接観測は、1962年に打ち上げられた金星探査機「マリナー2号」によって初めて行われた

太陽風とは、太陽から吹き出す高温のガスが電子とイオンに電離したもの（プラズマ）である。質量比で水素イオンが95%を占めており、残りはヘリウムやその他のイオン、および電子からなる。太陽風の存在は、彗星の尾が常に太陽と反対方向に伸びることにより、間接的には推察されていた。初の直接観測は「マリナー2号」によるが、近年では（2001～2004年）NASAの「ジェネシス」衛星によって太陽風に含まれている粒子の採取が行われた。太陽風の理論的モデルは、ユージン・ニューマン・パーカーによって提案された。太陽表面近くのコロナはほぼ静止しているとみなせ、コロナ静止解（静水圧平衡解）ができるのだが、この解を遠方の星間空間まで拡張すると、星間空間での値と矛盾することが指摘されていた。パーカーは、コロナ上空ではガスが静止していない解（＝流れのある解）を導入し、太陽風の存在を理論的に予言した。実際の太陽風は磁場も伴うので、磁化したプラズマとしての取り扱いが重要になる。流星痕の振る舞いは、上空の地球大気の運動によるもので、太陽風とは関係ない。

第7回正答率40.4%

③ エンケラドス

この写真は、NASAの土星探査機「カッシーニ」がとらえた衛星エンケラドスである。この写真が衝撃的だったのは、エンケラドス表面から吹き出す間欠泉の存在で、これにより、エンケラドスには内部に液体の海と、何らかの熱水活動があることが明らかになった。このことから、エンケラドスには生命が存在するかもしれないと注目されている。なお、同様の熱水活動は木星の衛星エウロパでも確認されているが、それはハッブル宇宙望遠鏡による地球からの観測であるため、この解像度で熱水活動の証拠が確認されているのは現時点でエンケラドスのみである。

第9回正答率71.3%

② 小惑星の軌道を精度よく求める

一般に小惑星は地上観測だと点光源として観測されるため、その大きさの測定は困難であり、大きさを決定するためには、明るさと反射率が同時に決定する必要がある。可視光だけの観測では、小惑星の明るさは、小惑星の大きさと表面の反射率（アルベド）の両方に依存するが、同時に赤外線でも観測することで、これらを同時に決定することができる。また、掩蔽(えんぺい)現象の継続時間などからも、小惑星の大きさを精度よく求めることができる。特に最近は位置天文衛星GAIAにより恒星の位置精度が極めて高精度になり、恒星の掩蔽の予報の精度が向上した。小惑星の軌道を精度よく決めるだけでは、小惑星の大きさは求まらない。探査機を小惑星に接近させることができれば、直接的に小惑星の大きさを測定できることは明らかである。

③

最も太陽から遠い天体は「ニューホライズンズ」が撮影した太陽系外縁天体アロコス（2014 MU_{69}／旧称ウルティマ・トゥーレ）。太陽から約45 auの距離にある。①は「カッシーニ」が撮影した土星の衛星パン（約10 au）、②は「ロゼッタ」が撮影したチュリュモフ・ゲラシメンコ彗星（約4 au）、④は「はやぶさ」による小惑星イトカワ（約1 au）の写真である。

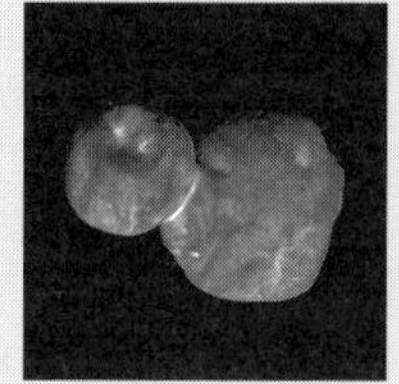

第9回正答率47.8%

Q 12 距離指数と天体までの距離、減光の間の正しい関係式を選べ。減光量をA [等級]、天体までの距離をr [pc] とする。

① $m-M=5\log r-5+A$
② $m-M=5\log r-5-A$
③ $m-M=-5\log r-5+A$
④ $m-M=-5\log r-5-A$

Q 13 天体AとBは0.7°離れている。それぞれが銀河系（天の川銀河）中心に位置しており、太陽系からの距離を8 kpcとするとき、AとBの実距離を次から選べ。

① 約3光年
② 約30光年
③ 約300光年
④ 約3000光年

Q 14 年周視差がp [mas]（pミリ秒角）の恒星までの距離を表す式はどれか。

① p [pc]
② p [kpc]
③ $1/p$ [pc]
④ $1/p$ [kpc]

Q 15

図には3つの恒星レグルス、ベガ、アンタレスのスペクトルが示されている。スペクトル型はレグルスがB7V、ベガがA0V、アンタレスがM1Iである。ア、イ、ウに当てはまる恒星を選べ。

① ア：レグルス
イ：ベガ
ウ：アンタレス

② ア：ベガ
イ：アンタレス
ウ：レグルス

③ ア：ベガ
イ：レグルス
ウ：アンタレス

④ ア：アンタレス
イ：ベガ
ウ：レグルス

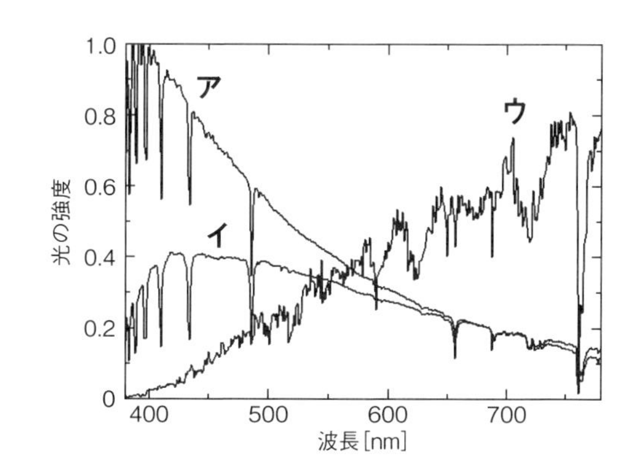

Q 16

恒星のスペクトル型に関する記述で誤っているものはどれか。

① 褐色矮星に拡張されたL、T、Y型がある
② 異常に炭素が多く、青く見えるC型がある
③ 酸化ジルコニウムの吸収帯が見られるS型がある
④ 高温で水素の吸収線がなく、輝線が目立つW型がある

① $m-M=5\log r-5+A$

天体の見かけの等級mから、絶対等級Mを引いた値$m-M$を距離指数と呼ぶ。実際の観測データを用いて距離指数を決定する際には、星間塵による減光を考慮する必要がある。観測で得られる見かけの等級は、星間塵による見かけの等級の増分をAとすると、$m=M+5\log r-5+A$で与えられる。見かけの等級は、距離rが遠くなるほど暗くなり、減光Aが大きいほど暗くなる。

第8回正答率42.0%

③ 約300光年

$0.7[°]\times(\pi\,[\mathrm{rad}]/180[°])\times 8000[\mathrm{pc}]\times 3.26[光年/\mathrm{pc}]=318光年\simeq 300光年$。

④ $1/p$ [kpc]

年周視差がp''（p秒角）の恒星までの距離rは、$r=1/p[\mathrm{pc}]$で与えられる。
問題では年周視差はpミリ秒角$=p\times 10^{-3}$秒角なので、

$$r=1/(p\times 10^{-3})[\mathrm{pc}]=(1/p)\times 10^{3}[\mathrm{pc}]=1/p[\mathrm{kpc}]$$

となり、④が正答となる。

第9回正答率53.0%

① ア：レグルス　　イ：ベガ　　ウ：アンタレス

3つの恒星は温度が高い順番にB型のレグルス、A型のベガ、M型のアンタレスとなる。温度が高いほど短波長側で比較的光の強度が強くなり、温度が低いほど長波長側で強くなるので、アがレグルス、イがベガ、ウがアンタレスとなり、①が正答となる。（☞参考書3章20節）

② 異常に炭素が多く、青く見えるC型がある

スペクトル型でL、T、Y型は褐色矮星に拡張されたもの、S型は酸化チタンの代わりに酸化ジルコニウムと酸化ランタンがあるという点を除いてM型星と同じもの、C型星は炭素星ともよばれ、異常に炭素が豊富でとても深い赤色をしている。W型星はウォルフ・ライエ星ともよばれ、O型星並みに高温であるが、水素などの吸収線は見られず、星を取り囲むガス雲からの強い輝線が見られる。したがって、②の「青く見える」という記述が誤りであるため、②が正答となる。

Q 17

夜空に突然出現し「新星」と呼ばれた次の天体のうち、実際には「超新星」だったのはどれか。

① P Cyg（はくちょう座P星）
② S And（アンドロメダ座S星）
③ CK Vul（こぎつね座CK星）
④ V339 Del（いるか座V339星）

Q 18

次の３つの図（A、B、C）は、３つの散開星団の色等級図である。この中で年齢の若い順に並べたものとして最も適当なものはどれか。

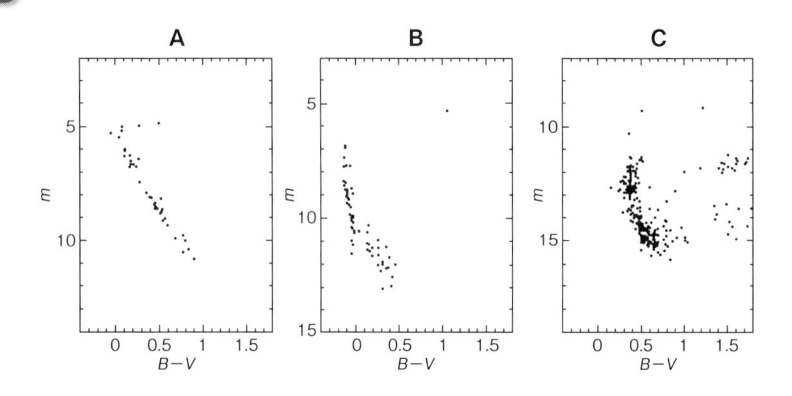

① A－B－C
② A－C－B
③ B－A－C
④ B－C－A

恒星の質量は太陽の1/10から100倍程度まで様々である。太陽の10倍の質量をもつ恒星の寿命は、太陽と同じ質量の星に比べると、どのくらいになると考えられるか。

① 1/300倍
② 1/10倍
③ ほぼ同じ
④ 10倍

分光連星のなかで片方の星のスペクトルしか観測されない場合は「質量関数」という量を観測から求めることで、連星内の星の質量を推定する。質量関数について正しい記述を選べ。

① 質量関数は質量の上限を与える
② 質量関数は常に質量と等しい
③ 質量関数は質量の下限を与える
④ 質量関数は連星全体の質量と等しい

② S And（アンドロメダ座S星）

P Cyg（Nova Cyg 1600）は高輝度青色変光星の爆発である。CK Vul（Nova Cyg 1670＝Nova Vul 1670）は高輝度赤色新星の爆発である。V339 Del（Nova Del 2013）は激変星系の古典新星である。なお、S And（SN 1885A）は1885年にアンドロメダ銀河で発見された超新星であり、アンドロメダ銀河中で観測された、ただ1つの超新星である。
（☞参考書3章26節）

③ B－A－C

星団の色等級図で、左上から右下にかけて帯状に並んでいる部分の恒星は主系列星である。質量の大きい（色指数の小さい）星ほど寿命が短いため、主系列星の帯状の並びが、左側から縦方向に折れ曲がっていく。したがってこの折れ曲がりの点（転向点）の色指数が小さいほど若い星団となる。転向点の色指数を見てみると、Aがおよそ0.0、Bがおよそ－0.2、Cがおよそ0.4であるから、若い順に並べるとB、A、Cとなる。したがって③が正答である。

第6回正答率66.0%

A 19 ① 1/300 倍

主系列星では光度Lは質量Mの3～4乗に比例する。主系列星の寿命τは、燃料である水素の量、すなわち質量Mに比例し、燃料の消費率である光度Lに反比例する。星の寿命はほぼ主系列星の寿命とみなしてよいので、

$$\tau \propto M/L \propto M/M^{3\sim4} = 1/M^{2\sim3}$$

つまり質量の2～3乗に反比例する。太陽の質量の寿命に比べ10倍の質量の星の寿命は

$$1/10^2 \sim 1/10^3 = 1/100 \sim 1/1000$$

程度になる。ゆえに①が正答である。(☞参考書3章27節)

A 20 ③ 質量関数は質量の下限を与える

質量関数は、連星の両方の星の質量(もしくは1つの星の質量と連星質量比)と連星系の軌道傾斜角iの関数であり、次のように定義される。

$$f(M_2) = \frac{(M_2 \sin i)^3}{(M_1 + M_2)^2}$$

この関数形から、

$$f(M_2) = \frac{(M_2 \sin i)^3}{(M_1 + M_2)^2} < \frac{M_2^3}{(M_1 + M_2)^2} < \frac{M_2^3}{M_2^2} = M_2$$

となり、質量関数はその星の質量の下限に相当することがわかる。質量関数は分光観測による視線速度の変化から求めることができる。(☞参考書4章29節)

Q 21

質量m_1とm_2（$m_1 > m_2$）からなる連星系において、内部臨界ロッシュローブを正しく表すものを選べ。ただし、座標原点は連星系の重心の位置を示す。

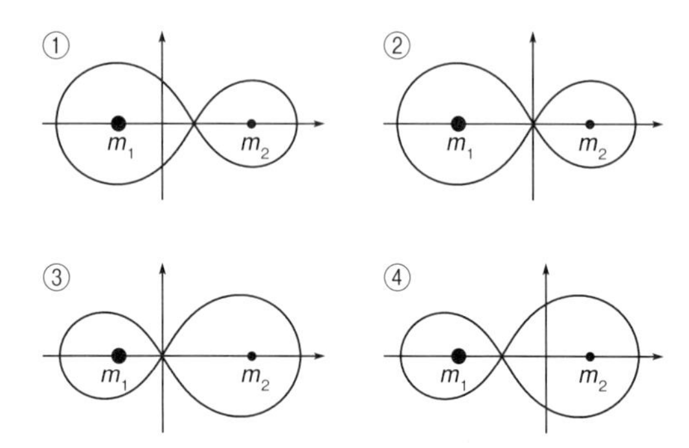

Q 22

脈動変光星の説明として正しいものを選べ。

① ほぼ全ての脈動変光星の変光周期と絶対等級には一定の関係があることが知られている
② 現在知られている脈動変光星は全て種族Ⅱの星であるが、その理由はまだわかっていない
③ 脈動変光星の脈動のようすは、スペクトル線の視線速度の変化から測定可能である
④ 脈動変光星は脈動により半径が大きくなるほど明るく、小さくなるほど暗くなる傾向がある

Q 23

激変星の可視光スペクトルの説明として誤っているものを選べ。

① 輝線が吸収線に変化することがある
② 輝線は常に二重ピークになっている
③ 降着円盤に由来する連続光成分と輝線が卓越する
④ 伴星に由来する吸収線が見えることがある

くじら座のο星（別名ミラ）は、星自身が脈動することで明るさが周期的に変化する天体（脈動変光星）として有名である。次のうちミラの光度曲線として正しいものを選べ。

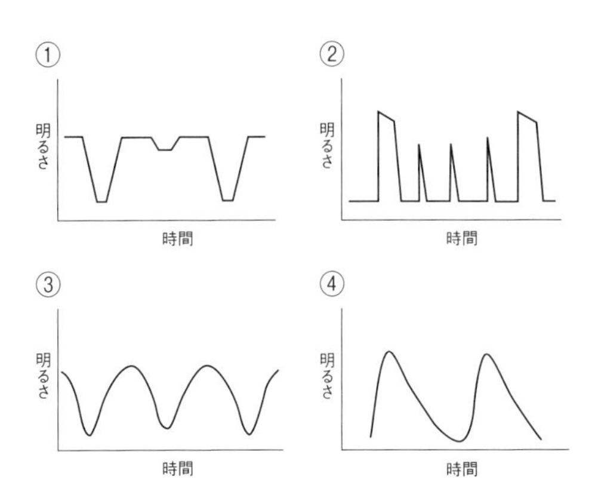

変光星の種類のなかには、2つのものが同じ天体で観測されることもある。次のうち、同じ天体で観測される可能性がない組み合わせはどれか。

① 新星と矮新星
② 食変光星と矮新星
③ セファイドと食変光星
④ セファイドと超新星

A 21 ①

連星の重心の位置は質量の大きい方にずれる。そのため、②と④は誤りであることがわかる。また、内部臨界ロッシュローブの大きさは、質量の大きい方が大きくなる。そのため、①が正答となる。(☞参考書4章31節)

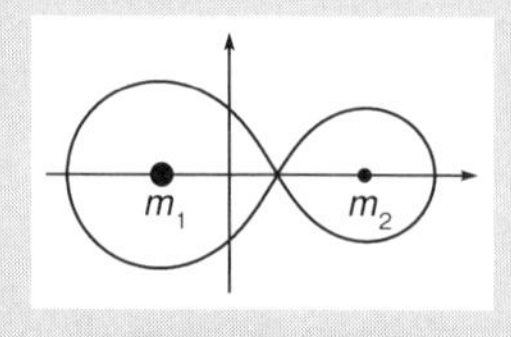

第7回正答率43.9%

A 22 ③ 脈動変光星の脈動のようすは、スペクトル線の視線速度の変化から測定可能である

星の脈動は動径方向の変化を伴うため、線スペクトルの視線速度変動を伴う。脈動変光星には周期光度関係が知られているものもあるが、そうでないものもある。また種族Ⅰの脈動変光星も存在する。脈動変光星の光度変化は、星が収縮することで熱エネルギーが発生し温度が高くなる際に明るくなる。(☞参考書3章28節)

A 23 ② 輝線は常に二重ピークになっている

軌道傾斜角が小さい系ではシングルピークになるので②が誤り。
① 矮新星アウトバースト時に吸収線に変化する。
④ 共生星の可視スペクトルには伴星に由来する吸収線が見える。(☞参考書4章33節)

第8回正答率50.4%

④

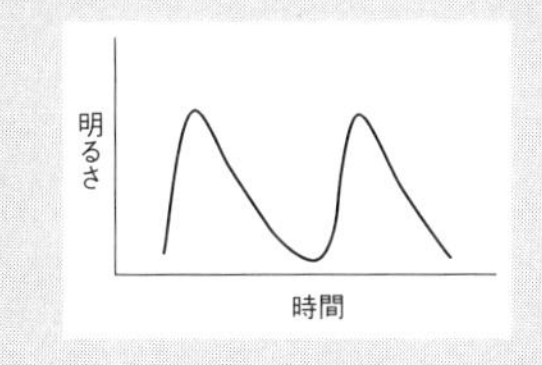

①は食変光星（アルゴル型）、②は激変星の一種である矮新星（おおぐま座SU星型）、③は食変光星（おおぐま座W星型）、④は脈動変光星ミラの模式的な光度曲線である。食連星の光度曲線は左右対称となり、矮新星の光度曲線は不規則となる。これに対して、脈動変光星の光度曲線は、なめらかで左右非対称となる。ミラは1596年にダーヴィト・ファブリツィウスによって初めて変光していることが発見された。変光範囲は約3等〜9等で約332日の周期で変光しており、明るいときは肉眼で見ることができる。

④ セファイドと超新星

新星と矮新星は共に激変星の一種で、白色矮星と通常の恒星からなる連星である。降着円盤に起因する矮新星アウトバーストと、白色矮星への質量降着に起因する新星爆発は同じ天体で観測される可能性があり、実際にペルセウス座GKなどの例がある。また、矮新星は連星であるため、伴星による白色矮星もしくは降着円盤の食が観測されることもある。食変光星は連星の幾何学的な効果であり、連星を構成する恒星の種類には制限が弱い。実際にセファイドを含む食連星も見つかっている。超新星は大質量星の重力崩壊か、臨界質量に達した白色矮星の爆発だと考えられており、セファイドが超新星爆発することはない。

第6回正答率56.6%

Q 26

図ははくちょう座X－1のX線時間変動を表したものである。図の横軸の全長はどれぐらいの時間に相当しているか。

① 約1/1000秒
② 約1分
③ 約1時間
④ 約1日

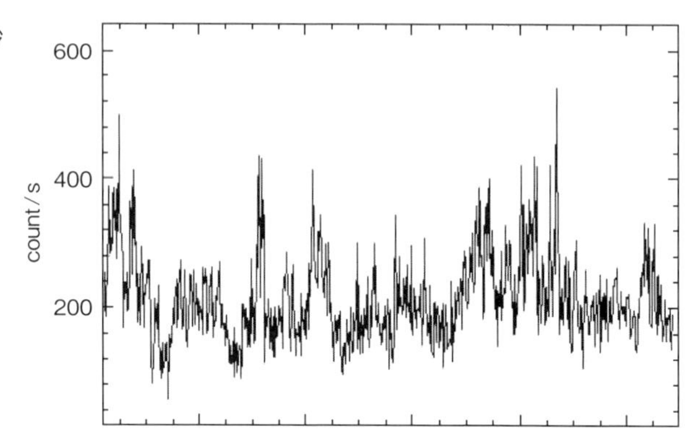

Q 27

球状星団の恒星のHR図をつくり評価する際には、絶対等級ではなく見かけの等級を使ってもよい。その理由として最も適当なものを選べ。

① 球状星団の恒星の年齢は、ほぼ等しい
② 球状星団の恒星の距離は、ほぼ等しい
③ 球状星団の恒星の種族は、全て同じである
④ 球状星団の恒星の見かけの等級は、絶対等級と等しい

Q 28

塵の量以外の条件が同じである2つの輝線星雲において、塵が比較的少ない輝線星雲の大きさは、塵が多い場合に比べてどうなるか。

① 小さくなる
② 大きくなる
③ 変わらない
④ 振動する

Q 29

図は天の川に沿って３種類の電磁波による強度分布を示したもので、上から順に電波、近赤外線、ガンマ線によるものである。○印の天体は何か。

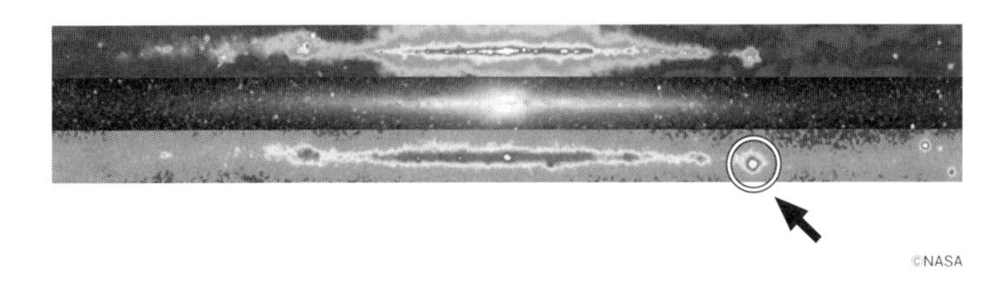

©NASA

① オメガ星団
② 天の川銀河の中心
③ ほ座超新星残骸
④ アンドロメダ銀河

Q 30

図は星間ガスの諸相について、粒子数密度と温度の関係を示したものである。図中のア～エのうち、中性水素ガスの相はどれか。

① ア
② イ
③ ウ
④ エ

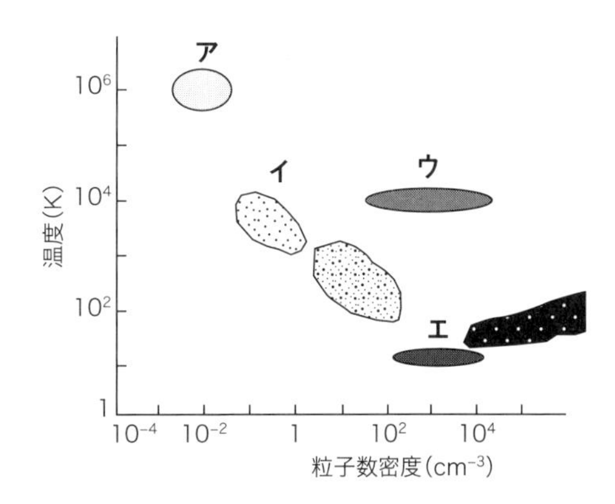

② 約1分

ブラックホール天体はくちょう座X－1のX線時間変動はきわめて短いタイムスケールで起こり、1分程度の観測でも、非常に激しく短時間変動していることがわかる。ミリ秒程度で時間変動するなら、そのサイズはミリ秒×光速度ぐらいとなり（上限）、300 kmぐらいである。はくちょう座X－1のブラックホールは10太陽質量程度なので、その半径の10倍ほどになる。

第8回正答率29.4%

② 球状星団の恒星の距離は、ほぼ等しい

HR図では、通常縦軸に絶対等級や光度をとる。同一の星団に属する恒星を考える場合は、ほぼ全て距離が等しいため、見かけの等級で評価してもHR図の形は変わらない（縦軸の値が変わるのみ）。①、②は正しい記述ではあるが、縦軸に見かけの等級を使ってよい理由にはならない。④は記述そのものが誤りである。

② 大きくなる

星間塵粒子は、吸収・散乱により短波長の光ほど効率的に減光させる。このため、塵の量が少ないと塵によって減光される紫外線は少なくなり、結果的に電離に使うことができる紫外線は増える。このため、塵が少ない場合、より遠方の領域のガスも電離され輝線星雲は大きくなる。逆に塵が多いと、電離に使うことができる紫外線は弱くなり小さな輝線星雲になる。なお、星雲が輝線星雲として見られるかどうかは星の温度も大きく影響する。輝線星雲が見られるのは、O型星やB型星など紫外線を多く出す高温の恒星の周辺に限られるのである。

第7回正答率50.0%

③ **ほ座超新星残骸**

ガンマ線で明るく、かつ電波源でもある天体は超新星残骸や活動銀河が多い。したがって、図では天の川銀河の中心や超新星残骸が明るく見えている。なお、オメガ星団（NGC 5139）はケンタウルス座にある最大の球状星団である。 第2回正答率70.7%

② **イ**

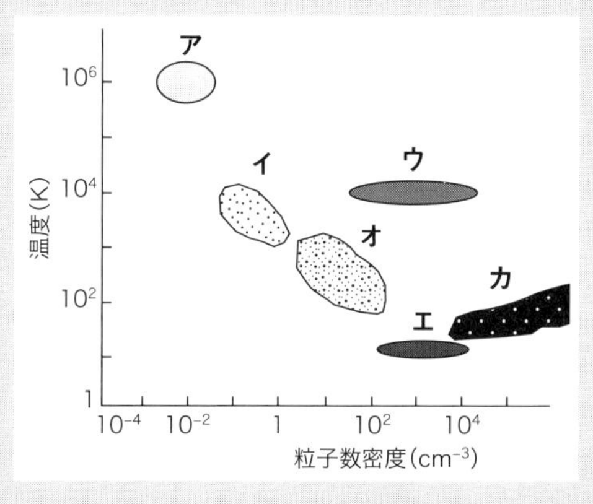

星間ガスの相は、温度や密度の状態によって、非常に希薄で約100万Kの温度をもつ高温ガス（コロナルガス；ア）、温度が1万K前後の中性水素ガス（イ）、同じく温度は1万K程度だが比較的密度が高くて、高温度星の存在などにより電離している電離水素領域・HⅡ領域（ウ）、そして10 Kぐらいで星間ガスとしては比較的密度が高い分子雲（エ）などにわけられる。なお、温度が100 Kぐらいでやや密度が高くなった星間雲（オ）も主成分は中性水素ガスである。また、（エ）の右側の高密度の相（カ）は分子雲コアである。

Q 31 個数密度が100－1000個/cm^{3}程度の星間雲を調べる場合、分子によって放射される電波輝線を利用することが多い。その際、よく利用されるのはCO分子であるが、その理由として正しいものを選べ。

① 宇宙で最も多い分子で、衝撃波や共鳴などで放射する
② 絶対量は少ないが、その振動遷移が電波で観測できる
③ 宇宙ではCO_2分子よりも少ないが、放射効率が最も高い
④ 星間雲での存在量が水素に次いで2番目に多い分子である

Q 32 Tタウリ型星について、誤っているものを選べ。

① 光度は、時間とともに徐々に減少し、太陽程度に至る
② 可視光のみならず、赤外線でも明るく観測される
③ 周囲の塵による光の散乱のため、偏光が観測される場合がある
④ 恒星として終末を迎えており、周囲のガスと塵は星自体から放出された

Q 33 次の変光星のうち、明るくなると降着円盤からの光が卓越するものはどれか。

① 超新星
② 新星
③ 矮新星
④ ポーラー

Q 34

一般に、太陽から遠い惑星ほど温度は低くなる。雪線（スノーライン）は、水が昇華せずに固体として凍りつく温度になる境界のことである。雪線について、正しいものを選べ。

① 地球型惑星と木星型惑星を分ける
② 木星型惑星と天王星型惑星を分ける
③ 雪線より外側の惑星には、極冠がある
④ 雪線より内側の惑星では、雪が降ることはない

Q 35

1920年代、天の川銀河が差動回転していることをヤン・ヘンドリック・オールトは実証した。そのときに用いた方法はどれか。

① 星間ガスによる恒星の減光の観測
② 電波星のドップラー効果の観測
③ 球状星団の分布の観測
④ 太陽近傍の恒星の運動の観測

Q 36

太陽は天の川銀河の中心の周りを回っている。そのため、天の川銀河の中心の位置を、はるか遠方のクェーサーを基準に測定すると、毎年少しずつ位置がずれてゆくことが観測されている。太陽が天の川銀河を一周する時間はおよそ2億年である。1年あたりの位置のずれは、角度でどのくらいになるか。ただし、1 masは1000分の1秒角である。そして、1秒角は3600分の1度である。

① 60 mas
② 6 mas
③ 0.6 mas
④ 0.06 mas

④ 星間雲での存在量が水素に次いで２番目に多い分子である

宇宙で最も多い分子は水素分子であるが、COはそれに次いで多い分子で、その個数密度は水素分子の1万分の1程度である。電波領域では主に分子の回転エネルギー準位間の遷移が重要である。CO分子の場合、回転エネルギー準位J＝1から基底状態のJ＝0への遷移によって周波数115 GHzの電波が放射される。

第8回正答率21.8%

④ 恒星として終末を迎えており、周囲のガスと塵は星自体から放出された

Tタウリ型星と呼ばれる天体は、周囲にガスと塵からなる円盤等を伴っている。Tタウリ型星は、HR図上では星間雲から恒星が形成される途中の、主に林トラックを下に向かって移動している段階と考えられている。このため④は誤っている。他は正しい記述である。

第7回正答率55.3%

③ 矮新星

超新星と新星は爆発によって発生する膨張ガスからの光が卓越する。ポーラーは磁場が強い白色矮星と通常の恒星の連星系で、強い磁場のため中心まで広がった降着円盤は存在しない。矮新星は白色矮星への質量降着率が増加することで降着円盤が明るく輝く「アウトバースト」が観測される。

① 地球型惑星と木星型惑星を分ける

木星型惑星は地球型惑星に比べて、非常に巨大である。その理由として、惑星を形作る材料として、スノーラインの外側であったため、水が固体として存在できたので、それも材料として使えたからと考えられる。この点では、木星型惑星も天王星型惑星も同様である。天王星型惑星は、水素やヘリウムが、他のより重い元素と比べると少ないという点で、木星型惑星と分けられる。極冠とは、火星の極に見られる氷やドライアイスの領域のことであり、火星以外について使われることはない。(☞参考書5章42節)

第5回正答率52.4%

④ 太陽近傍の恒星の運動の観測

太陽系近傍の恒星の視線速度と固有運動のデータを解析することで、オールトは1927年に天の川銀河が差動回転していることを明らかにした。このときに用いられた定数はオールト定数A、Bと呼ばれ、この定数を用いて太陽の位置での回転速度V_0は$V_0=R_0$ ($A-B$)、回転速度の微分係数は $(dV/dR)_{R=R_0}=-(A+B)$ として表される。なお、R_0は太陽から天の川銀河中心までの距離を表わす。1989年に打ち上げられたヒッパルコス衛星の観測結果の解析から

$$A=14.8\pm0.8\ \mathrm{km/s/kpc}、B=-12.4\pm0.6\ \mathrm{km/s/kpc}$$

が得られている。オールトは第二次世界大戦後、中性水素が放射する21 cmの電波の観測を推進し、銀河系天文学の発展に大きく寄与した。現在では21 cm電波も差動回転の測定に使われているが、1920年代には電波天文学自体がまだなかった。

② 6 mas

太陽が天の川銀河を1周すると天の川銀河の中心の位置は元に戻る。つまり1周すると位置は360°変化することになる。

$$360°\div 2億年=360\times3600\times1000\ \mathrm{mas}/2\times10^8\ \mathrm{yr}=6.48\ \mathrm{mas/yr}$$

となり、1年あたりおよそ6 masである。

Q
37

図は、銀河面内で銀経40°方向の水素の21 cm線の電波強度分布図（横軸が視線速度、縦軸が電波強度）である。この方向の終端速度（terminal velocity）に最も近い視線速度はどの位置のものか。

① A
② B
③ C
④ D

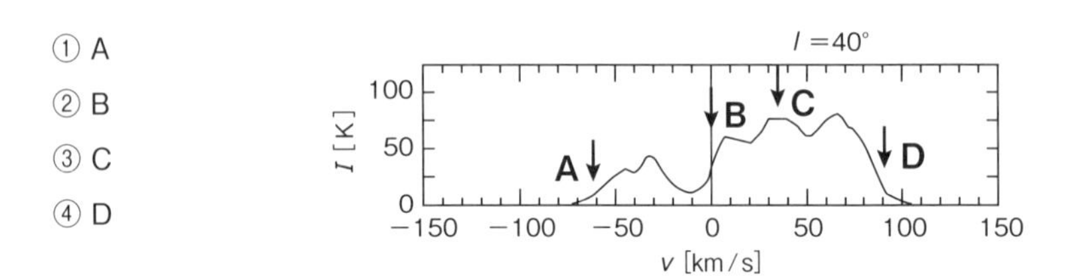

Q
38

図は渦巻銀河M 81の画像である。銀河円盤が楕円に見えるのは銀河円盤が視線に対して垂直ではなく、傾いているからである。また、渦巻銀河の回転方向は、銀河の渦巻腕が、銀河中心の方が先行し、外側が遅れるような巻き込みとなる方向となっている。この画像から、銀河円盤のAの位置とBの位置とでは、どちらが地球に近いか。また、銀河円盤のXの位置とYの位置の地球に対する視線速度はどちらが大きいか。その組み合わせとして正しいものを選べ。

① Aが近くてXが大きい
② Aが近くてYが大きい
③ Bが近くてXが大きい
④ Bが近くてYが大きい

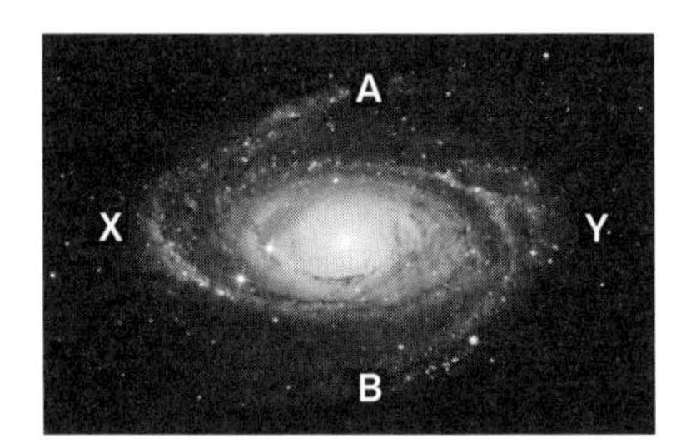

Q 39 ある横向きの渦巻銀河に、図のようにスリットをあてて分光観測を行った。この観測から得られたスペクトルで、特定の輝線の波長の位置によるズレを模式的に示す図として最も適当なものはどれか。

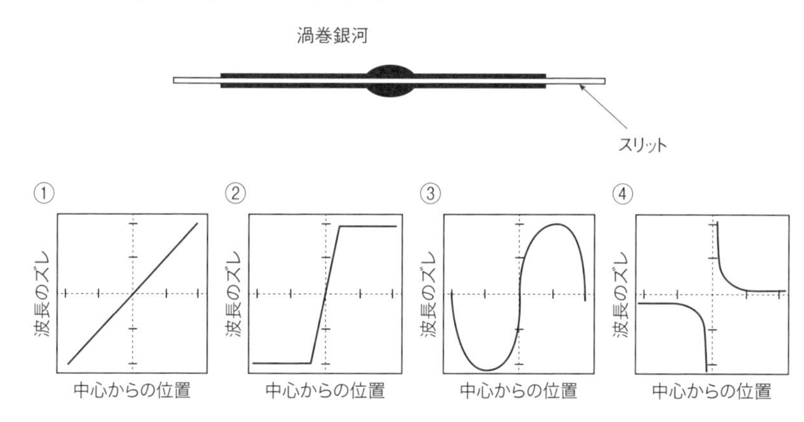

Q 40 写真の天体の名前はどれか。

① 3C 273
② Cen A
③ M 87
④ Mkn 290

©国立天文台

A 37 ④ D

終端速度とは、太陽軌道内の銀河回転運動に対して、回転方向と視線方向が平行となる点で、視線方向に内接する銀河中心を中心とした円の接点の位置の視線速度のことである。終端速度は、銀経が第一象限（0°＜l＜90°）の場合は視線速度の最大値に、第四象限（270°＜l＜360°）の場合は視線速度の最小値になる。銀経40°は第一象限なので、視線速度が最大となるDの④が正答となる。なお、Dの位置の視線速度が視線速度の最大値よりおよそ10 km/s小さい部分を示しているのは、ガス雲のランダムな速度がおよそ10 km/sであることを考慮しているためである。

(☞参考書5章46節)

第8回正答率24.4%

④ Bが近くてYが大きい

渦巻銀河M 81の中心部のバルジ付近に見られる吸収帯は、B側にはっきりと見られるがA側には見られない。このことはB側の銀河円盤がバルジより手前にあり、銀河円盤中のダストによって吸収が生じていることを表す。また、渦巻の形状から、この銀河は画面上で左回り（反時計回り）の銀河回転を行っていることがわかる。したがってY方向では我々から遠ざかり、X側で我々に近づく運動を行う。これらのことから、Bが近く、Yの視線速度が大きくなる。

A39 ②

渦巻銀河の円盤部の回転運動を調べるためには、銀河の長軸に沿ってスリットをあてて分光観測を行う。多くの渦巻銀河は中心付近では剛体回転が見られるが、中心から離れるにつれて一定の回転速度になる傾向がある。

第5回正答率74.6%

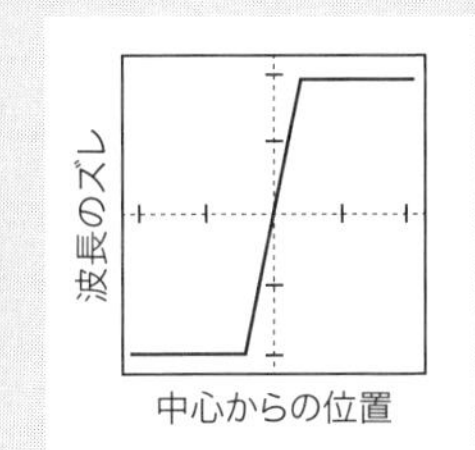

A40 ③ M 87

写真はハッブル宇宙望遠鏡が撮像した活動銀河M 87とそのジェット。M 87は巨大楕円銀河で、電波も強い電波銀河でもある。M 87など活動銀河の中心には超巨大ブラックホールが潜んでおり、強い電磁放射やジェット噴出などの活動を引き起こしている。M 87では、超巨大ブラックホールのつくる「ブラックホールシャドウ」も発見され（2019年発表）、超巨大ブラックホールの質量が約60億太陽質量であることもわかっている。3C 273は活動銀河の一種のクェーサー、Cen Aも活動銀河の一種で電波銀河、Mkn 290も活動銀河の一種でセイファート銀河。

3C 273

©ESA/Hubble & NASA

Cen A

©X-ray: NASA/CXC/CfA/R.Kraft et al.; Submillimeter: MPIfR/ESO/APEX/A.Weiss et al.; Optical: ESO/WFI

図は様々な波長の電磁波で撮像した活動銀河ケンタウルス座Aの画像である。画像と電磁波の正しい組み合わせはどれか。

① a：X線　　　b：可視光
　c：電波　　　d：赤外線
② a：電波　　　b：赤外線
　c：紫外線　　d：可視光
③ a：紫外線　　b：可視光
　c：電波　　　d：X線
④ a：ガンマ線　b：電波
　c：X線　　　d：可視光

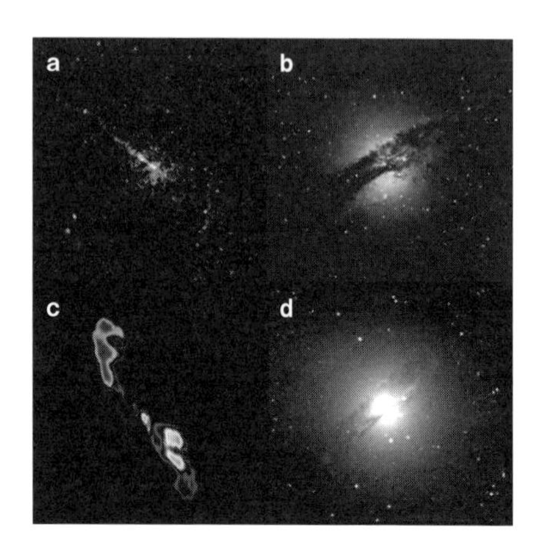

Q 42

活動銀河ブレーザーの特徴でないものはどれか。

① しばしば大きく変光する
② しばしば偏光している
③ 強い輝線をもつ
④ 強い電波を放射することもある

Q 43

重力レンズの性質として誤っているものを選べ。

① レンズ天体に近い所を通る光線ほど屈曲角が大きい
② 光の波長が長いほど屈曲角は大きい
③ 重力レンズ効果による像は、レンズ効果がない場合に比べ常に明るい
④ レンズ天体の質量分布によっては複数のレンズ像が生じ得る

銀河の赤方偏移サーベイによって作成された銀河の分布図には、地球からの視線方向に沿って引き伸ばされた形状の銀河団が多く見られる傾向がある。この効果を何と呼ぶか。

① カイザー効果
② 神の指効果
③ 強い重力レンズ効果
④ 弱い重力レンズ効果

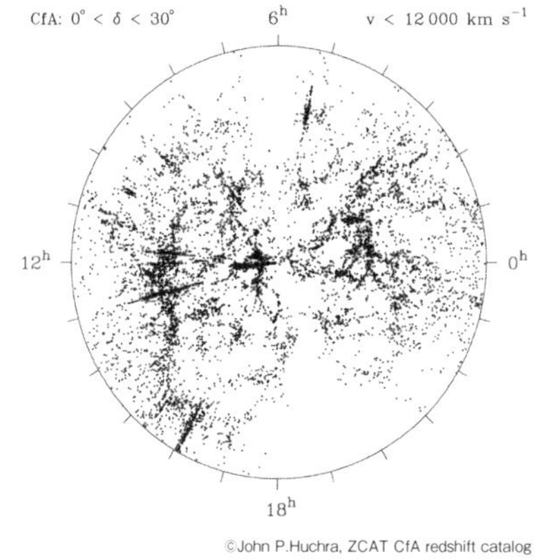

©John P.Huchra, ZCAT CfA redshift catalog

プランク衛星による探査結果では、ハッブル定数はどれぐらいに見積もられているか。

① 53 km/s/Mpc
② 67 km/s/Mpc
③ 72 km/s/Mpc
④ 89 km/s/Mpc

① a：X線　b：可視光　c：電波　d：赤外線

活動銀河の一種で電波銀河でもあるケンタウルス座Aは、星が球状に集まった楕円銀河の一種だが、赤道面に塵を多く含むガス円盤を有しており、それをほぼ真横から観測している。そのため、可視光で観測すると、bのように赤道面の星の光が遮られて銀河が上下に分断しているように見える。しかし赤外線は星間塵などを通過しやすいので、赤外線で観測するとdのように赤道面や中心部も光っている。さらに銀河の中心からは赤道面に垂直方向にジェットが伸びており、電波で観測するとcのように上下に2つのジェットが観測される。X線では、片方のジェットが隠されて、aのように1本のジェットが観測される。（☞参考書6章51節）

第5回正答率58.7%

③ 強い輝線をもつ

クェーサーの中でも変光・偏光は強いが、強い輝線をもたないものと、クェーサーに似てきわめて明るく、変光および偏光しているが、強い輝線をもたないBL Lac銀河（BL Lac object）を合わせて、激光銀河ブレーザー（blazar）と呼ぶ。なお、クェーサーやブレーザーの一部は電波銀河でもある。（☞参考書6章51節）

② 光の波長が長いほど屈曲角は大きい

重力レンズによる屈曲角は光の波長にはよらない。（☞参考書6章57節）

A44 ② 神の指効果

銀河までの距離を測定するために赤方偏移を用いると、個々の銀河のランダムな運動のため、宇宙膨張の赤方偏移とは分離できない視線速度成分が生じる。そのため、赤方偏移空間での銀河団内の銀河の分布は、実際の距離から前後方向へ引き伸ばされ、まるで一斉に地球を指差しているように見えることから、神の指効果と呼ばれる。

第9回正答率17.4%

② 67 km/s/Mpc

1929年にハッブル＝ルメートルの法則が発見された後も、長年にわたりハッブル定数の値は50～150 km/s/Mpcの範囲で不確定性が大きかった。2000年前後にはⅠa型超新星探査や遠方宇宙の探査により、2桁の精度で、72 km/s/Mpcという値が推定された。さらに最新のプランク衛星による探査結果では、67 km/s/Mpcという値に落ち着きつつある。（☞参考書6章59節）

Q 46

熱放射とは著しく異なった放射機構としてメーザー放射がある。星間空間においては、すでにいくつかの分子からのメーザーが検出されている。次のメーザーに関する記述のうち、誤っているものはどれか。

① 最初に発見されたのはOHメーザーである
② メーザーはレーザーと同じ原理で放射される
③ メーザーは主に主系列星の近辺の空間から放射される
④ VLBIによる観測はメーザーの研究に有効である

Q 47

1995年にミシェル・マイヨールとディディエ・ケローによって発見された、史上初めて発見された太陽のような恒星（主系列星）を回る系外惑星（ホットジュピター）の名前は何か。

① リッチ
② ドラウグル
③ ヘルベティオス
④ ディミディウム

Q 48

系外惑星の探査方法の1つであるドップラー法によって得られる情報として、正しいものはどれか。

① 系外惑星質量と直径
② 軌道長半径と軌道傾斜角
③ 主星の減光率と減光継続時間
④ 公転周期と視線速度振幅

Q 49

宇宙背景輻射の約2.7 Kの一様成分（上図）から、約1/1000 Kのずれ（中図）と、約10万分の1 K程度のずれ（下図）を表した図で、中図の双極的なパターンは何を表しているか。

① 観測装置の器械誤差に伴う双極成分
② 天の川銀河の運動に伴う双極成分
③ おとめ座銀河団の非球対称分布に伴う双極成分
④ 宇宙全体の回転を表す双極成分

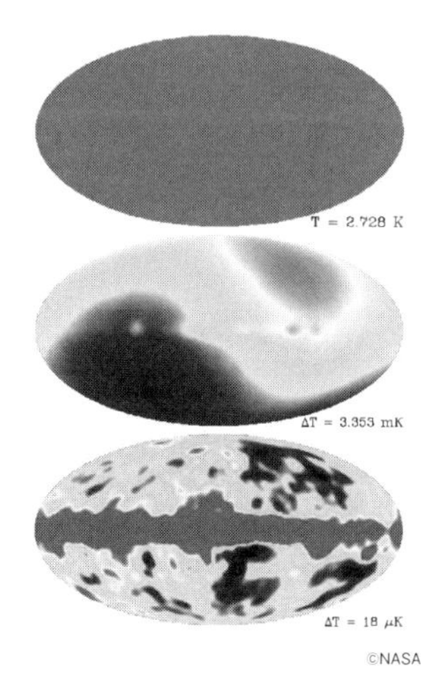

©NASA

Q 50

GEMSについて正しく述べているものはどれか。

① コンドライトに含まれている直径1～2 mm程度の球状の組織
② CaとAlに富む鉱物からなる組織でほとんどのコンドライトに含まれている
③ 含水惑星間塵であり、地球外物質として初めてアミノ酸が検出された
④ 無水惑星間塵の主な構成物質の単位であり、100 nm程度の小さな塊

③ メーザーは主に主系列星の近辺の空間から放射される

光のレーザー放射と同じ原理に基づいて電波（マイクロ波）で放射されるメーザー放射は1965年に星間分子（水酸基OH）で発見された。次いでH_2O、SiOなどの分子においても見つかっている。いずれも主に若い星や老齢な星の近傍で観測されており、高い角分解能が達成できるVLBIの格好の対象である。

第6回正答率45.3%

④ ディミディウム

2015年に国際天文学連合により19の系外惑星系に名前がつけられた。この時に、マイヨールとケローが1995年に系外惑星を発見した主星（ペガスス座51番星）はヘルベティオス、その周りを回るホットジュピターはディミディウムと名付けられた。なお、これに先立つ1992年に系外惑星が発見されたパルサーPSR 1257＋12はリッチ、その周りを回る系外惑星PSR 1257＋12 bはドラウグルと名付けられた。

④ 公転周期と視線速度振幅

ドップラー法（視線速度法）とは、主星のふらつき運動に伴うドップラー効果によって、主星の分光観測で得られる吸収線が周期的に赤方・青方偏移する様子を調べることで、惑星を間接的に検出する方法である。したがって、視線方向の周期的な速度変化が観測でき、公転周期と視線速度振幅が得られる。（☞参考書6章62節）

② 天の川銀河の運動に伴う双極成分

宇宙背景輻射に対して、天の川銀河は約400 km/sの速度で運動しており、その運動に伴うドップラー効果によって、宇宙背景放射の観測される温度が双極的にシフトしたもの。すなわち、天の川銀河の進行方向は約1/1000 Kほど温度が高くなり、後方は低くなって、温度分布が前後対称的に少しだけ偏差する。太陽運動に伴う双極シフトもあるが、もっと小さい。(☞参考書6章60節)

第8回正答率57.1%

④ 無水惑星間塵の主な構成物質の単位であり、100 nm 程度の小さな塊

GEMS (Glass with Embedded Metal and Sulfides) は彗星塵に含まれており、太陽系の最も始原的な物質の1つではないかと考えられている。無水惑星間塵 (anhydrous interplanetary dust particles) の主な構成単位でもある。①はコンドリュール、②はCAIのことである。③も含水であること、地球外物質として初めてアミノ酸が検出されたのは炭素質コンドライトであることから間違い。

Q 51 天体の位置を表す赤道座標の原点（赤経0h、赤緯0°）はどこか。

① 春分点
② 秋分点
③ 天の北極
④ 天の南極

Q 52 ある夜、深夜午前0時にシリウスが南中した。その1週間後にシリウスが南中するのは何時何分か。

① 午後11時32分
② 午後11時56分
③ 午前0時4分
④ 午前0時28分

Q 53 すばる望遠鏡などで観測時に使用されている、「レーザーガイド星システム」の役割として正しいものを選べ。

① 観測方向にある人工衛星の有無を確認する
② 夜空に人工の星をつくりだし、望遠鏡の向きを精密に制御する
③ 夜空に人工の星をつくりだし、地球大気のゆらぎによる電磁波の波面の乱れを測定できるようにする
④ 夜空に人工の星をつくりだし、地球大気の透明度、水蒸気量の変化を測定する

多くの地上望遠鏡に、赤外線観測装置が搭載されている。可視光ではなく赤外線で観測する利点として誤っているものを選べ。

① 地球大気に邪魔されることなく観測できる
② 低温の天体を観測しやすい
③ 星間空間にある宇宙塵による星間減光の影響が小さい
④ 様々な分子の吸収線を観測することができる

次のうち、ニュートリノを検出するための装置でないものはどれか。

① ファースト（FAST）
② スーパーカミオカンデ（Super KAMIOKANDE）
③ アンタレス（ANTARES）
④ アイスキューブ（IceCube）

① 春分点

春分点が赤経0h、赤緯0°と定義されている。

① 午後11時32分

地球は1年＝365日で太陽の周りを1周する。1周を赤経24時で表すと、1日では24/365°＝0.066時角＝3.9分角～約4分角だけ公転によって動くことになる。したがって、1週間＝7日間では約28分角ずれることになり、南中時刻はそれだけ早まるので、午前0時から28分早い①が正答となる。

③ 夜空に人工の星をつくりだし、地球大気のゆらぎによる電磁波の波面の乱れを測定できるようにする

補償光学装置を用いて地球大気のゆらぎを測定し、その影響を補正することで、解像度の高い天体像を得ることができる。大気ゆらぎの測定のため、一般的には明るい星を観測する。ただしこの場合、明るい星がない方向は観測できない。そのような星の空白領域に、人工的な星をつくりだす装置が、レーザーガイド星システムである。望遠鏡の向きを正確に決めたり、地球大気の状態を測定したりするときには、人工の星ではなく自然にある星を使う。

① 地球大気に邪魔されることなく観測できる

低温の天体は、ウィーンの変位則で表されるように、より長い波長で明るく輝く。天体の温度が3000 Kを下回ると、その放射のピークは1 μmより長くなる。よって低温の天体は、可視光に比べて赤外線で明るく輝く。また星間塵による光の減光（吸収、散乱）は、波長が長いほど小さくなる。よって波長の長い赤外線で観測すると、可視光では見通せないような領域にある天体を観測することができる。また赤外線の波長域には、特に分子の回転状態、振動状態の遷移にともなうスペクトル線が多数存在する。このような遷移に必要なエネルギーは比較的小さいため、波長の長い赤外線領域に多く見られる。可視光とは異なり、地球の大気は赤外線に対して完全に透明ではない。近赤外線、中間赤外線では、観測できる波長域は一部に限られ、それ以外の光は地球大気の減光を強く受ける。また赤外線で観測すると、地球大気自体が明るく輝いて見えてしまう。遠赤外線の観測には、「あかり」や「スピッツァー」のような宇宙望遠鏡が必要となる。 第8回正答率22.7%

① ファースト（FAST）

スーパーカミオカンデは岐阜県の旧神岡鉱山で純水を利用した観測装置、アイスキューブは南極の氷を利用した観測装置、アンタレス（Astronomy with a Neutrino Telescope and Abyss environmental RESearch project）は地中海の深海底で海水を利用した観測装置である。いずれもニュートリノが物質と相互作用することによって放射されるチェレンコフ光をとらえるための検出装置。ファースト（Five-hundred-meter Aperture Spherical radio Telescope）は中国にある直径500 mの固定鏡の電波望遠鏡である。

EXERCISE BOOK FOR ASTRONOMY-SPACE TEST

理論

Q1

陽子と中性子を繋ぎ止めて原子核をつくっている力はどれか。

① 重力
② 電磁力
③ 強い力
④ 弱い力

Q2

水素原子（陽子＋電子）の質量をm_Hとする。水素の質量密度ρと個数密度nの間にはどのような関係があるか。

① $n=\rho$
② $n=\rho/m_H$
③ $n=m_H/\rho$
④ $n=1/\rho$

Q3

インフレーション宇宙モデルによると、我々の宇宙だけではなく、他にも宇宙が存在する可能性がある。このような多重宇宙論が導かれる根拠は何か。

① インフレーション期は、光速以上の速度で膨張するので、同じ宇宙でも見えない場所があるから
② インフレーションは、真空の相転移で宇宙が生じたとするので、他にも無数に宇宙が生じる可能性があるから
③ インフレーション膨張は、宇宙を一様で等方なものにするが、現在の宇宙は非一様で非等方だから
④ 我々の宇宙は、物質と反物質の割合がわずかに異なっていたため物質宇宙になったが、逆の可能性もあるから

Q 4

今、30 km/sの速度で太陽の周りを公転している地球から、あるロケットが第二宇宙速度11.2 km/sで地球の重力圏を振り切り、地球との距離を保った状態で飛行している。このロケットが強力なエンジンを噴射し、地球の公転方向と反対向きに、地球に対して 30 km/s の速度で動き始めた。このロケットのその後はどうなるか。

① 地球との距離を保ったまま地球と同じ向きに 30 km/sで太陽の周りを公転し続ける
② 地球と反対向きに太陽の周りを 30 km/sで公転し続ける
③ 地球と反対向きに太陽の周りを 60 km/sで公転し続ける
④ 太陽に落下する

Q 5

半径R、全質量M、密度一定の薄い球殻の内部に質量mの物体がある。この物体の球殻による重力エネルギーはどれか。物体と球殻の中心からの距離をr、重力定数をGとする。

① 0
② $-GmM/r$
③ $-GmM/R$
④ $-GmMr/R^2$

Q 6

ブラックホールの半径はブラックホールの質量に比例する。では、ブラックホールの平均密度はブラックホールの質量とどのような関係にあるか。

① 平均密度は質量の２乗に反比例する
② 平均密度は質量に反比例する
③ 平均密度は質量に比例する
④ 平均密度は質量の２乗に比例する

③ 強い力

現在の宇宙では4つの力が知られており、質量をもったあらゆる物質の間に働く重力、電荷をもった粒子の間に働く電磁力、原子核内で陽子や中性子を結びつける強い力（電磁力よりも強い意味）、そして中性子のβ崩壊などに関与する弱い力（電磁力よりも弱い意味）がある。力を介在する粒子は、重力は重力子、電磁力は光子、強い力は膠着子（グルーオン）、弱い力は弱ボース粒子である。なお、陽子や中性子や電子などの物質粒子はすべて（パウリの排他律が働く）フェルミ粒子であり、力の介在粒子はすべてボース粒子である。

第9回正答率65.2%

② $n = \rho / m_{\mathrm{H}}$

個数密度nは単位体積当たりの粒子の数である。したがって個数密度nの水素原子の単位体積当たりの全質量はnm_{H}となる。質量密度ρは、単位体積あたりの質量であるから、$\rho = nm_{\mathrm{H}}$の関係が成り立ち、②が正答となる。また、次元解析からも、②以外は誤りであることがわかる。

② インフレーションは、真空の相転移で宇宙が生じたとするので、他にも無数に宇宙が生じる可能性があるから

ビッグバン以前の宇宙は、真空から宇宙が急激に膨張するインフレーション期だったと、現代宇宙論研究者の多くは考えている。インフレーションとは、光速以上の速さで時空自体が膨張する時期を指す。素粒子理論では、真空状態は、正と負のエネルギーが絡み合い、粒子の生成・消滅が絶え間なく生じる空間である。水を沸騰させると泡が多数生じるように、我々の宇宙のはじまりも真空中に生じた1つの泡であり（この泡の生じる現象が相転移と言われる）、その泡が大きく成長したものと考えられている。泡は多数生じていたはずであり、したがって我々の宇宙以外にも、宇宙が多数存在することになる。それぞれの宇宙は互いに繋がっていないから証明できない理論だが、1つの宇宙（ユニバース）ではなく、多重宇宙（マルチバース）が存在するという考えは、物理学ではごく自然な論理的帰結である。

第4回正答率80.7%

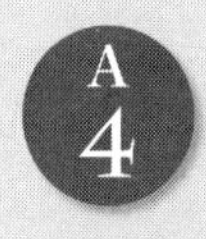

④ 太陽に落下する

地球は30 km/sで太陽の周りを回っており、その地球に対して公転運動の向きと反対に30 km/sで動き始めるのであるから、太陽（慣性系）からみた速度Vは

$V=30+(-30)=0$ km/s

となり、ロケットは慣性系では太陽に対して止まっている。したがって、リンゴが木から落ちるのと同じで、太陽の重力で太陽方向にひっぱられ、太陽に落下する。

③ $-GmM/R$

球殻内部（$r<R$）の重力は0であるので、球殻内部では、球殻による重力エネルギーは一定となる。他方、球殻外部（$r>R$）では、球殻の全質量が中心に集まったときの重力エネルギーと等しいので、$-GmM/r$となる。球殻の表面では$r=R$なので、球殻の表面での重力エネルギーは$-GmM/R$となる。エネルギーはどこでも連続なので、球殻内部の重力エネルギーは球殻の表面の重力エネルギーと等しくなり、③が正答となる。

① 平均密度は質量の２乗に反比例する

平均密度は、全質量Mを体積Vで割ることで求めることができる。ブラックホールの半径をRとすれば、半径は質量に比例するので、$R \propto M$となる。他方、体積は半径の3乗に比例するので、$V \propto R^3 \propto M^3$となる。したがって、平均密度を$\rho$とすれば、

$\rho=M/V \propto M/M^3=1/M^2$

となるので、①が正答となる。

第9回正答率47.8%

2章 理論

Q7

理想気体の音速と気体の温度との関係で、正しいものはどれか。

① 音速は気体の温度の平方根に比例する
② 音速は気体の温度に比例する
③ 音速は気体の温度の平方根に反比例する
④ 音速は気体の温度に反比例する

Q8

質量m、電荷qの荷電粒子が一様な磁場Bに対して垂直に速度vで運動すると、円軌道を描く。この円の半径を表す式はどれか。

① $\frac{mqv}{\mathrm{B}}$　② $\frac{mv}{q\mathrm{B}}$

③ $\frac{mq}{v\mathrm{B}}$　④ $\frac{m\mathrm{B}}{qv}$

Q9

「逆コンプトン散乱」とはどのような放射機構か。次のうち、正しいものを選べ。

① 非常に高いエネルギーの電子がエネルギーの低い光子に衝突して、光子を高エネルギー状態に叩き上げる機構
② 非常に高いエネルギーの光子がエネルギーの低い電子に衝突して、光子が低エネルギー状態になる機構
③ 原子内に束縛された電子が、外部との相互作用によって別のエネルギー準位に遷移する際に、光子を吸収したり放出したりする機構
④ 光学的に薄いガスにおいて自由に運動していた電子が原子核の近傍で軌道を曲げられる際に光子を放出する機構

振動数νの光子がもつ運動量はいくらか。光速度をc、プランク定数をhとする。

① c/ν

② $h\nu$

③ $h\nu/c$

④ 光子は質量がないので運動量をもたない

スペクトルには連続スペクトルと線スペクトルがあるが、それらのスペクトルの組み合わせとして、正しいものはどれか。

① 連続スペクトル：中性水素の21 cm線、シンクロトロン放射
　線スペクトル：原子スペクトル、黒体輻射

② 連続スペクトル：中性水素の21 cm線、黒体輻射
　線スペクトル：原子スペクトル、シンクロトロン放射

③ 連続スペクトル：黒体輻射、原子スペクトル
　線スペクトル：シンクロトロン放射、中性水素の21 cm線

④ 連続スペクトル：黒体輻射、シンクロトロン放射
　線スペクトル：原子スペクトル、中性水素の21 cm線

光度を表す記号には、通常はLを用いるが、その意味はどれか。

① luxの頭文字

② lumenの頭文字

③ luxionの頭文字

④ luminosityの頭文字

① 音速は気体の温度の平方根に比例する

理想気体の音速c_sは、気体定数をR_g、比熱比をγ、気体の平均分子量をμ、気体の温度をTとすると、

$$c_s = \sqrt{\frac{\gamma R_g T}{\mu}}$$

で表されるので、温度の平方根に比例し、①が正答となる。(☞参考書1章4節)

② $\dfrac{mv}{qB}$

荷電粒子に働くローレンツ力Fは、$F = qvB$となる。粒子が等速円運動することから、その半径をrとすると、遠心力fは、$f = \dfrac{mv^2}{r}$となる。ローレンツ力と遠心力がつり合うことから、$qvB = \dfrac{mv^2}{r}$が成り立ち、$r = \dfrac{mv}{qB}$となるので、②が正答となる。なお、この半径をラーマー半径という。

① 非常に高いエネルギーの電子がエネルギーの低い光子に衝突して、光子を高エネルギー状態に叩き上げる機構

②はコンプトン散乱である。③は束縛ー束縛遷移であり線スペクトルを示す。④は、熱制動放射である。①は、コンプトン散乱（②）の逆過程であり、逆コンプトン散乱と呼ばれる。逆コンプトン散乱では、赤外線や可視光の光子が、高いエネルギー状態に叩き上げられてX線などの光子になる。ブラックホール周辺など高エネルギー現象では重要な過程である。(☞参考書1章6節)

第6回正答率56.6%

③ $h\nu/c$

①は振動数 ν の光子の波長、②は光子のエネルギー。質量がない光子も、エネルギーや運動量をもつ。その結果、物体が光子を吸収すれば、内部エネルギーが増加し、物体の温度が上昇する。さらに、光子がもっていた運動量によって物体は力（放射圧）を受け、動かされることさえある。

④ 連続スペクトル：黒体輻射、シンクロトロン放射
線スペクトル：原子スペクトル、中性水素の 21 cm 線

中性水素の21 cm線は、基底状態の中性水素の電子のスピンの変化によって生じる波長21.1 cmの電波輝線（線スペクトル）である。シンクロトロン放射は、光速に近い電子が磁場中を運動するときに発する電波で、連続スペクトルとなる。原子スペクトルは、原子の電子がその軌道を変化させるときに生じる線スペクトルで、恒星の吸収線のほとんどはこの原子スペクトルである。黒体輻射は、物体の温度に応じて放射される連続スペクトルである。

④ luminosity の頭文字

専門的な定数や変数の記号にはしばしば英語の頭文字が使われる。たとえば、輻射強度の記号 I は強度（intensity）の頭文字で、輻射流束の F は物理量の流れ（flux）の頭文字、そして光度の記号 L は光度（luminosity）の頭文字が使われる。なお、lux と lumen は明るさに関する単位で、luxion は光子や重力子など真空中を光速で移動する粒子全般の総称。
（☞参考書1章7節）

Q 13 両対数のグラフにしたとき、振動数で表した黒体輻射のグラフはどれになるか。

①

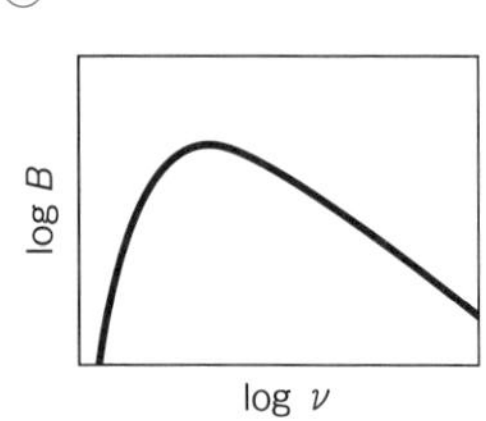

②

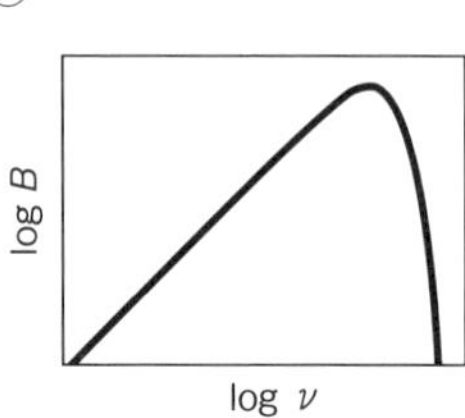

③

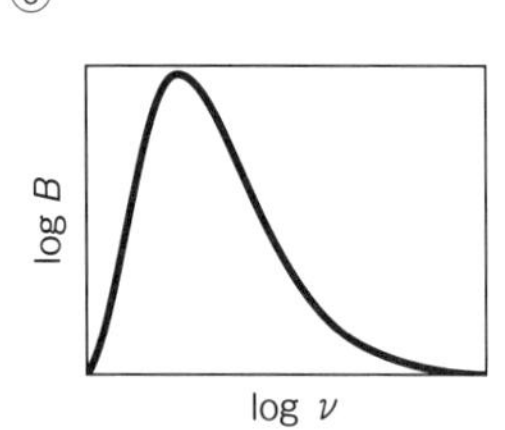

④

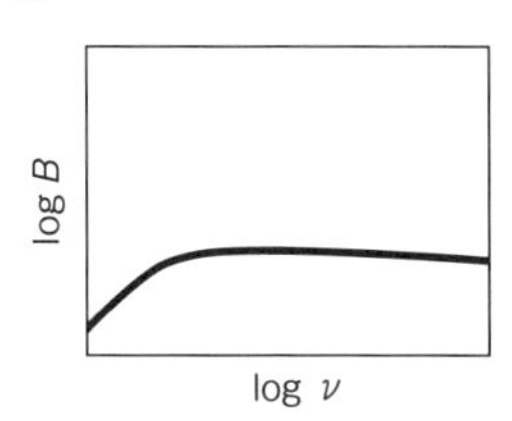

Q 14 次の文の空欄に当てはまる数値として、正しい組み合わせはどれか。星の光度は、星の半径の【 ア 】乗と星の表面温度の【 イ 】乗に比例する。

① ア：2　イ：2
② ア：2　イ：4
③ ア：4　イ：2
④ ア：4　イ：4

原子核の周りの電子の状態変化について、特定の波長の光子が吸収または放出されるのは、どのような遷移あるいは状態か。

① 束縛－束縛遷移
② 束縛－自由遷移
③ 自由－自由遷移
④ 基底状態

水素原子において、電子が、内側から2番目の軌道から7番目の軌道に遷移するときに生じる吸収線の波長は397 nmである。この吸収線の名称はどれか。

① Hβ
② Hγ
③ Hδ
④ Hε

速度vで運動している物体の時間の延びは、どの式で表されるか。ただし、cは真空中の光速度とする。

① $1/(1-v/c)$
② $1/\sqrt{1-v/c}$
③ $1/(1-v^2/c^2)$
④ $1/\sqrt{1-v^2/c^2}$

②

黒体輻射を両対数のグラフで描くと、レイリージーンズ近似が成り立つ振動数の小さい側（グラフの左側）が、傾き2の直線になる。①は右側が直線になっていることから波長λで描いたもの。③は振動数だが真数で描いたもの。④は自由ー自由放射のグラフ。
(☞参考書1章8節)

第9回正答率45.2%

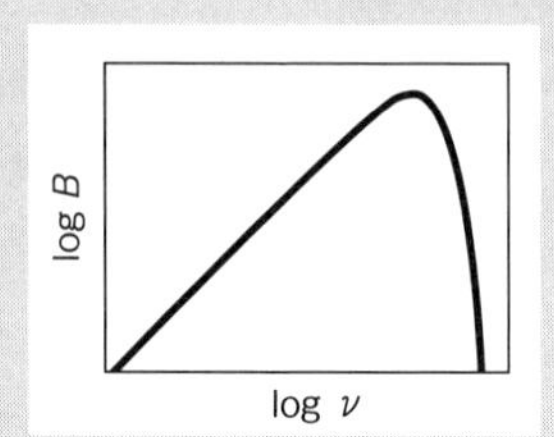

② ア：2　イ：4

星の光度Lは、星の半径をR、星の表面温度をTとすると、$L=4\pi\sigma R^2T^4$で与えられ、②が正答となる。なお、σはステファン・ボルツマン定数である。
(☞参考書1章8節)

① 束縛−束縛遷移

① 原子に結合している電子は、とびとびで離散的なエネルギー準位をとる。ある状態のエネルギー準位から別の状態のエネルギー準位に遷移する際には、そのエネルギー差に相当する特定の波長の光子を吸収または放出する。
② 一方で、原子と結合していない電子（自由電子）が、原子のあるエネルギー準位に遷移することも可能である。この場合、自由電子は特定のエネルギーに限定されず任意の値をもちうるので、あるエネルギー準位への遷移に際しても特定の波長の光子を放出することにはならない。あるエネルギー準位にある電子が自由電子となる（電離する）場合についても同様に、特定のエネルギーの光子を吸収するわけではない。
③ 自由電子が別の状態の自由電子に遷移する場合も、そのエネルギー差は任意であるので、特定の波長の光子の放出・吸収とはならない。
④ 基底状態とは、もっともエネルギーの低い電子の状態であるが、この状態に留まるうちは光子を放出・吸収しない。

第6回正答率50.9%

④ Hε

内側から2番目の軌道から外側に遷移するときの水素の吸収線はバルマー線と呼ばれる。3番目へ遷移するときの吸収線をHα、4番目への吸収線をβ、5番目への吸収線をHγ、6番目への吸収線をHδ、7番目への吸収線をHεと呼ぶ。それ以上はHの後に軌道の番号の数値をつけ、8番目への遷移をH8、9番目への遷移をH9、……と表す。

④ $1/\sqrt{1-v^2/c^2}$

静止している観測者の時間をt、運動している天体の時間をτとすると、tとτの間には、

$$T=\gamma\tau\ ;\ \gamma=1/\sqrt{1-v^2/c^2}$$

という関係が成り立つ。ここで時間の遅れの割合γをローレンツ因子と呼ぶ。

Q 18

天の川銀河（銀河系）の中心には、400万太陽質量の巨大ブラックホールがあると考えられている。またこのブラックホールから100 au離れた位置に、ブラックホールを公転している星が見つかっている。この星が等速円運動で公転していると仮定した場合、星の公転速度に最も近い値を選べ。

① 6 m/s
② 600 m/s
③ 60 km/s
④ 6000 km/s

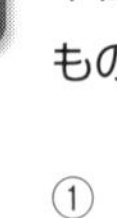

Q 19

図は、木星の4つのガリレオ衛星の公転周期（イオ＝1）を横軸に、軌道半径（イオ＝1）を縦軸にとって、いずれも対数スケールでプロットしたものである。ガリレオ衛星を正しく表している図を選べ。

①

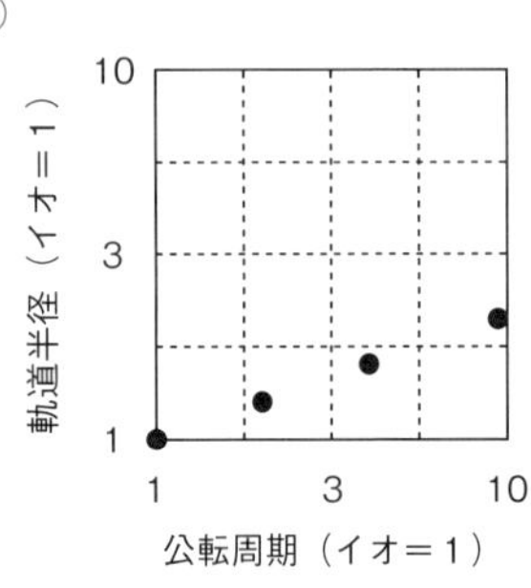

②

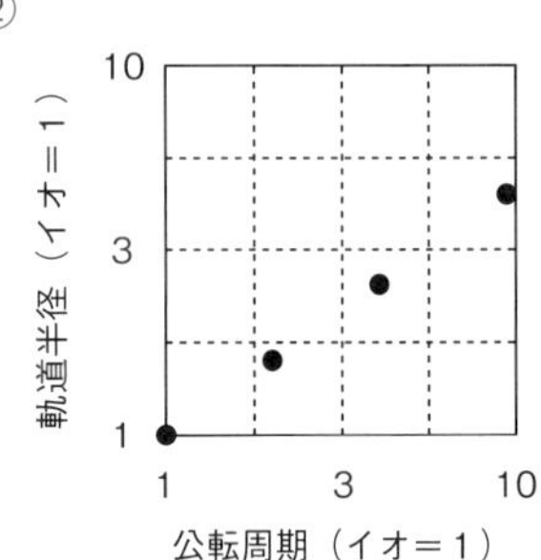

③

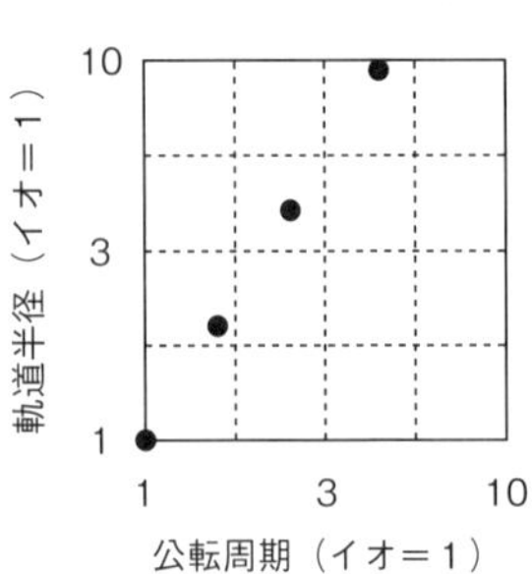

④

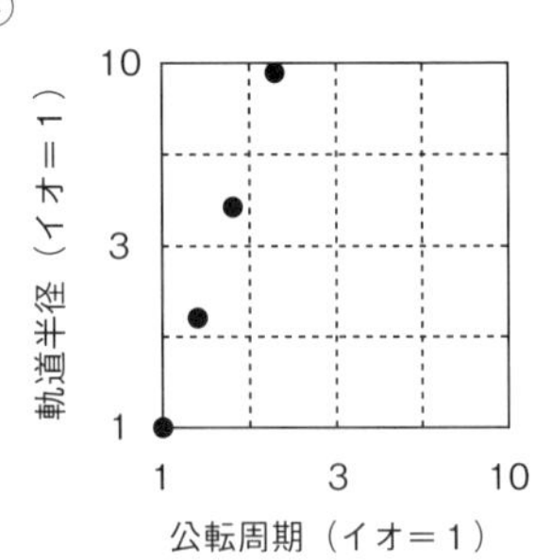

Q 20

恒星の進化理論から、40億年前の太陽は現在よりも30%ほど暗かったと考えられている。その要因として最も適切なものを選べ。

① 太陽の質量が現在よりも小さかったため
② 太陽の半径が現在よりも小さかったため
③ 太陽の質量損失率が現在よりも小さかったため
④ 太陽の平均分子量が現在よりも小さかったため

Q 21

太陽が誕生以来、あまり明るさが変化していないとすると、誕生以来50億年の間に放出してきた総エネルギー量はおよそどれぐらいになるか。太陽光度を4×10^{26}Wとする。

① 6×10^{13} J
② 6×10^{23} J
③ 6×10^{33} J
④ 6×10^{43} J

Q 22

m_1等級の星の明るさをl_1、m_2等級の星の明るさをl_2とするとき、明るさと等級の関係を正しく表す式はどれか。

① $\frac{l_1}{l_2} = 10^{2(m_1 - m_2)/5}$
② $\frac{l_1}{l_2} = 10^{2(m_2 - m_1)/5}$
③ $\frac{l_1}{l_2} = 10^{5(m_1 - m_2)/2}$
④ $\frac{l_1}{l_2} = 10^{5(m_2 - m_1)/2}$

④ 6000 km/s

巨大ブラックホールによる万有引力と、星の公転による遠心力が釣り合うとすると、等速円運動する星の速さvは、$v=\sqrt{GM/r}$で表される。天の川銀河の中心には約400万太陽質量の巨大ブラックホールがあるとされ、数100 au離れた位置を星が公転していることがわかっている。これらの値と、1太陽質量を2×10^{30} kg、1 auを1.5×10^{11} m、万有引力定数Gを$6.7\times10^{-11}\mathrm{m^3\,kg^{-1}s^{-2}}$として計算すると、

$$v=\sqrt{6.7\times10^{-11}\times4\times10^{6}\times2\times10^{30}/(100\times1.5\times10^{11})}\ \mathrm{m/s}$$
$$=\sqrt{35.7\times10^{12}}\ \mathrm{m/s}=5.98\times10^{6}\ \mathrm{m/s}\simeq6000\ \mathrm{km/s}$$

星の公転速度は約6000 km/sになる。

第8回正答率49.6%

②

惑星の軌道半径aの3乗と公転周期Pの2乗の比は、惑星によらず一定である（ケプラーの第3法則）。この関係は、惑星とその衛星の間でも成り立つ。したがって、a^3はP^2に比例する。このことから、aは$P^{2/3}$に比例し、これを両対数スケールで表せば、傾きが2/3の直線となる。①は傾きが1/3、②は2/3、③は3/2、④は3となっているため、②が正答となる。

（☞参考書2章11節）

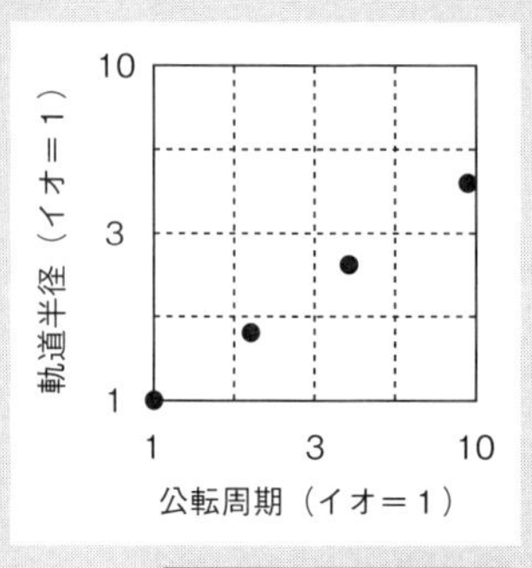

第7回正答率37.7%

④ 太陽の平均分子量が現在よりも小さかったため

星の光度Lは、おおよそ$\mu^4 M^3$に比例する。ここでμは平均分子量、Mは質量。星が進化すると質量放出でMは僅かずつ減少するが、核融合反応でヘリウムの割合が増加するため平均分子量が上がる。その結果、星の光度が増加する。昔の太陽では平均分子量が小さかったため、光度が小さかったと考えられている。ZAMS（zero age main sequence；ゼロ歳主系列星、つまり生まれたての主系列星）以後は、質量放出によって太陽の質量は減少していく。よって①は誤り。赤色巨星段階に入るまで半径に大きな変動はない。よって②は誤り。太陽の質量損失率と光度の間に直接的なつながりはない。加えて、40億年前の太陽の質量損失率は現在よりも大きかったことが他の若い太陽型星の観測から示唆されている。よって③は誤り。

第6回正答率13.2%

④ 6×10^{43} J

1年は約3.16×10^7秒なので、50億年は1.58×10^{17}秒となる。これを4×10^{26} Wに掛けて、約6×10^{43} Jが得られる。色々な演習を積むことによって、1年の秒数や、太陽質量、太陽光度など基礎的な数値は、だいたい頭に入れておいて欲しい。

第7回正答率46.5%

② $\dfrac{I_1}{I_2} = 10^{2(m_2 - m_1)/5}$

等級差が等しいとき明るさの比は等しい。また、等級の数値の小さい方が明るさは明るく、5等級の差は明るさで$100 = 10^2$倍ちがう。このことから1等級の差は明るさの比で$10^{2/5}$倍違うことになる、したがって明るさの比がI_1/I_2の場合、等級差は$m_2 - m_1$となり、明るさの比は

$$\frac{I_1}{I_2} = (10^{2/5})^{(m_2 - m_1)} = 10^{2(m_2 - m_1)/5}$$

となるので、②が正答となる。（☞参考書3章18節）

Q 23

図は恒星のスペクトル中の中性水素（HⅠ）、中性ヘリウム（HeⅠ）、1階電離カルシウム（CaⅡ）の吸収線の消長を表している。吸収線a、b、cの元素の正しい組み合わせを選べ。

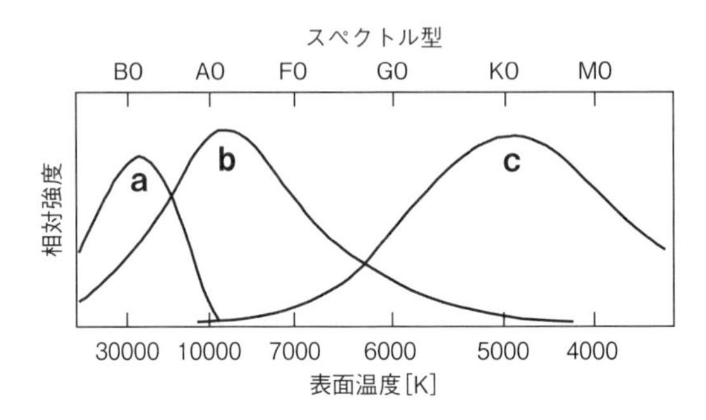

① a：HⅠ　b：HeⅠ　c：CaⅡ
② a：HeⅠ　b：HⅠ　c：CaⅡ
③ a：CaⅡ　b：HⅠ　c：HeⅠ
④ a：HeⅠ　b：CaⅡ　c：HⅠ

Q 24

水素の核融合反応により恒星中心部にヘリウムが増えてくると、水素の核融合反応は中心付近のヘリウム核を取り囲む殻状の領域に移り、赤色巨星へと進化する。このことに関連した次の文のうち、誤っているものを選べ。

① 中心領域のヘリウム核は自己重力によってゆっくりと収縮していく
② 生成されるエネルギー量が増大するため、表面温度は高温になる
③ 大質量の星の場合は、光度をあまり変えないまま赤色化していく
④ 外層のガスは大きく膨張し、星の半径は太陽半径の100倍から1000倍にもなる

Q 25

縦軸に絶対等級Mを、横軸に色指数$B-V$をとって作成した色－等級図上に、星の半径が太陽の半径の100倍（$R=100\,R_{\odot}$）の半径一定の線を描いた場合、太陽の半径と同じ（$R=R_{\odot}$）半径一定の線とどのような関係になるか。

① $R=R_{\odot}$の線を、10等級暗い方に平行移動させた線
② $R=R_{\odot}$の線を、5等級暗い方に平行移動させた線
③ $R=R_{\odot}$の線を、5等級明るい方に平行移動させた線
④ $R=R_{\odot}$の線を、10等級明るい方に平行移動させた線

Q 26

図1は、星団の色－等級図において、転向点の色指数$B-V$と星団の年齢τ［年］の常用対数$\log\tau$の関係を表したものである。図2は、ある散開星団の色－等級図である。この星団の年齢はどれくらいと推察されるか。

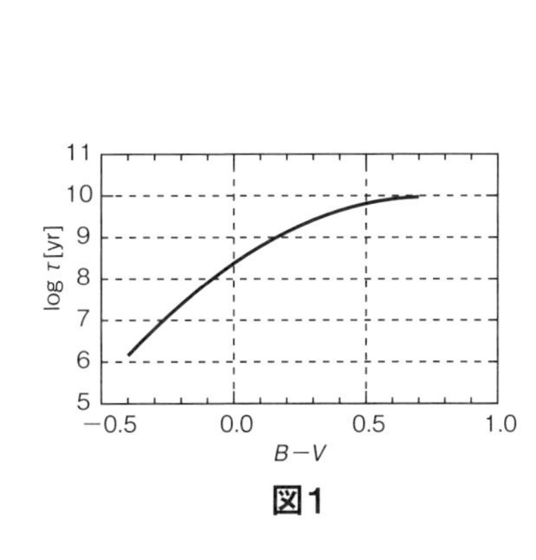

図1

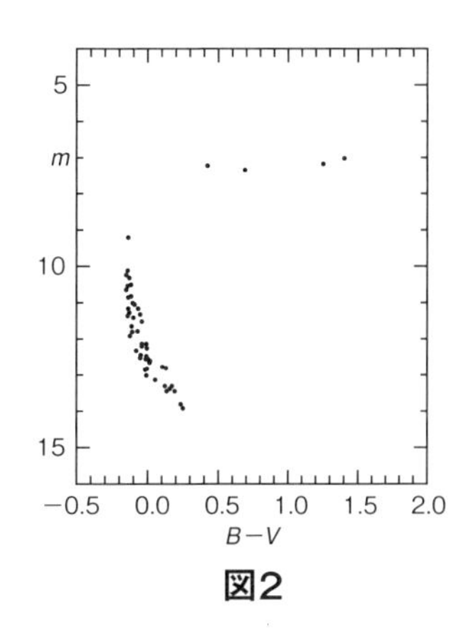

図2

① 10^{7}年　② 10^{8}年　③ 10^{9}年　④ 10^{10}年

② a：HeⅠ　b：HⅠ　c：CaⅡ

水素（HⅠ）の吸収線はスペクトル型A0で最も強くなり図のｂになる。1階電離のカルシウム（CaⅡ）は表面温度の低いG～M型で強くなる。一方、ヘリウム（HeⅠ）は高温のB型星で見られる。したがって、②が正答となる。（☞参考書3章21節）

第7回正答率37.7%

② 生成されるエネルギー量が増大するため、表面温度は高温になる

水素の核融合反応により生成されたヘリウムは星の中心領域に溜まっていくが、ヘリウム核内部では核エネルギーが発生しないので、自己重力が勝りゆっくりと収縮していく。すると内部での圧力勾配を調整するようにヘリウム核を取り巻く水素の層は大きく膨張する。膨張によりガスの温度は低下して赤色で輝くようになる。太陽程度の質量の星の場合だと、このような変化に際して光度が増大するが、大質量の星の場合、光度はほとんど変わらない。中心のヘリウム核の収縮が進むと、やがてヘリウムが核融合反応を起こすようになる。

第6回正答率86.8%

④ $R = R_{\odot}$の線を、10等級明るい方に平行移動させた線

星の光度Lは、星の半径Rと表面温度Tを用いると、

$$L/L_{\odot} = (R/R_{\odot})^2 (T/T_{\odot})^4$$

で与えられる。星の表面温度が等しい場合、色指数$B-V$も等しくなる。そのため、同じ色指数の星の場合、光度は星の半径だけで決まり、半径が太陽半径の100倍の星の光度は太陽半径の星の光度の1万倍になる。絶対等級は光度が100倍明るいと5等級、1万倍明るいと10等級明るくなる。このことはどの色指数でもいえるので、正答は④になる。

第6回正答率47.2%

② 10^8年

図1より、年齢が10^7年のとき$B-V \sim -0.25$、10^8年のとき$B-V \sim -0.1$、10^9年のとき$B-V \sim 0.15$、10^{10}年のとき$B-V \sim 0.6$である。図2より、この星団の転向点の色指数は$B-V \sim -0.1$であるので、②が正答となる。なお、この散開星団はNGC 129である。

第8回正答率58.8%

Q 27

恒星の光度をL、質量をMとし、その質量光度関係を$L \propto M^4$とする。1太陽質量の恒星の寿命を100億年とすると、10太陽質量の恒星の寿命はおよそ何年になるか。

① 1000万年
② 1億年
③ 10億年
④ 1000億年

Q 28

質量Mが$0.46M_{\odot} < M < 8M_{\odot}$の恒星が赤色巨星に進化した最終段階で、中心部で合成される主な元素はどれか。

① He
② C＋O
③ O＋Mg＋Ne
④ Fe

Q 29

中性子星が重力崩壊せずに構造を保っている理由として最も適切なものを選べ。

① 内部で生まれるガンマ線の圧力が構造を支えている
② 中性子の熱運動が構造を支えている
③ 一部の中性子が高い運動量をもち、それによる量子力学的な圧力が構造を支えている
④ 電気的な反発力が構造を支えている

Q 30

主系列星の質量光度関係を表す図はどれか。なお、横軸は太陽の質量を1としたときの恒星の質量を、縦軸は太陽の光度を1としたときの恒星の光度を、いずれも対数スケールで示してある。

①

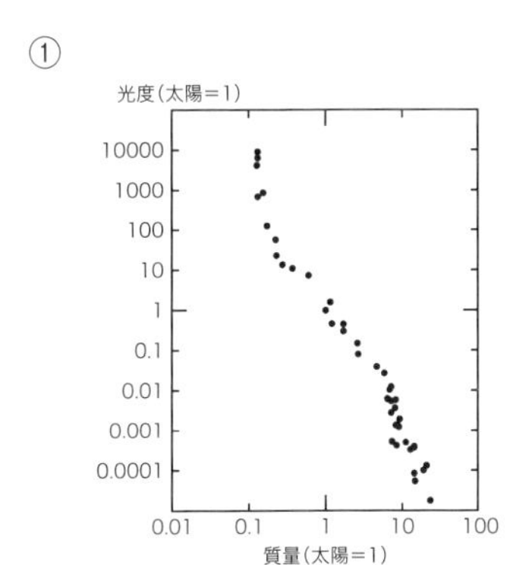

②

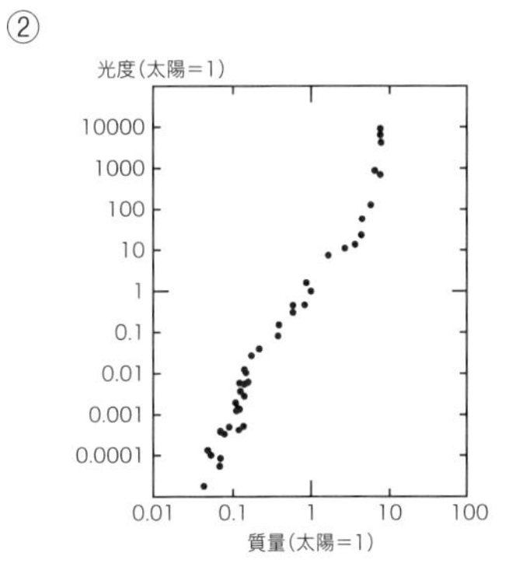

③

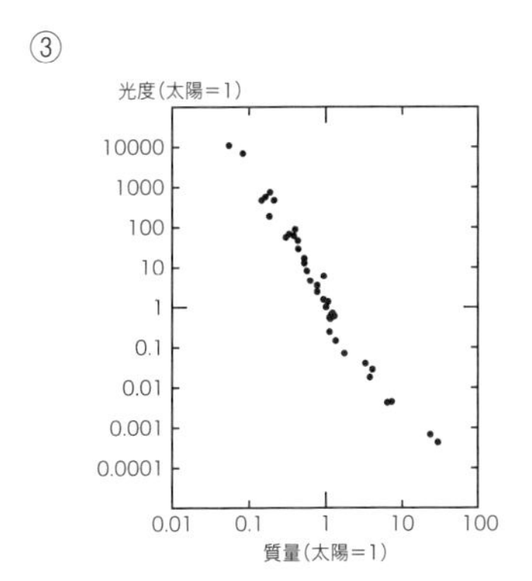

④

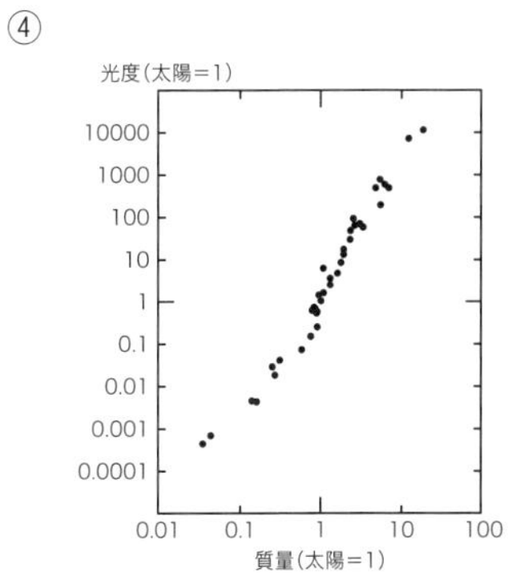

A27 ① 1000万年

恒星の寿命とは核融合反応でエネルギーを生成し光り輝き続けられる時間のことである。この時間は、単純には、燃料（星の質量Mに比例する）を消費量（単位時間当たりのエネルギー放出率、すなわち光度L）で割った値に比例する。したがって、質量光度関係を考慮すると、星の寿命τは、

$$\tau \propto M/L \propto M/M^4 = M^{-3}$$

となる。すなわち、恒星の寿命は質量の3乗に反比例することになる。したがって10太陽質量の恒星の寿命は、100億年を10の3乗で割った1000万年程度の値になる。

第9回正答率69.6%

A28 ② C＋O

Heが中心部で合成されるのは主系列星の時代である。$0.46M_{\odot} < M < 8M_{\odot}$の質量の星が赤色巨星に進化した最終段階で合成される元素は主にC＋O、$8M_{\odot} < M < 12M_{\odot}$の質量の星はO＋Ne＋Ne、$12M_{\odot} < M$の星はSiもしくはFeである。したがって正答は②となる。

（☞参考書3章25節）

第9回正答率53.9%

A29 ③ 一部の中性子が高い運動量をもち、それによる量子力学的な圧力が構造を支えている

中性子星の内部ではガンマ線（光子）の圧力は無視できる。中性子星は密度が高いため、②のような通常のガスの圧力は効かず、代わりに「縮退圧」と呼ばれる量子力学的な圧力が働く。中性子は「フェルミ粒子」と呼ばれる粒子に分類され、2つのフェルミ粒子が同じ位置、運動量（とスピン）をもつことはできない。したがって、高密度で自由に動けない環境でも必ず高い運動量をもつ粒子が存在し、それが圧力として働く。中性子星は中性子の縮退圧で構造が支えられている。

④

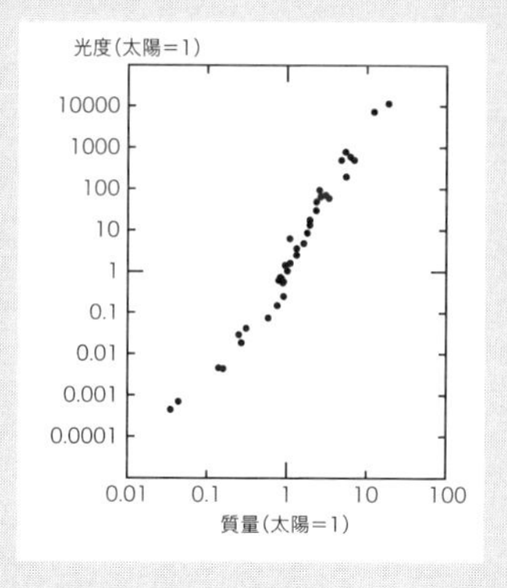

主系列星の質量光度関係は、光度が質量の3～4乗に比例するという関係である。したがって、図では右上がりのほぼ直線的な分布図となり、①と③は誤りであることがわかる。②と④はかなり傾向が似ているが、②は質量が10近辺でほぼ垂直に、質量が0.1近辺でも傾きが大きくなっており、曲線的に変化している。これに対して、④は質量が1より大きいときと小さいときで傾きは少し異なるが、ほぼ直線的に分布しており、この④が実際のデータから作成した質量光度関係である。

なお、①は、横軸に色指数を、縦軸に光度をとってプロットした主系列星の分布（色ー等級図での主系列星の分布）の色指数の部分を、ダミーの質量の目盛りに置き換えたものである。主系列星の色指数も質量と密接な関係があるため、よく似た分布を示すが、その分布の形状は少し異なる。②は、①の左右を入れ替えたもの、③は④の左右を入れ替えたものである。

第4回正答率59.0%

Q 31

図は脈動変光星の代表星の1つであるケフェウス座δ星（δ Cep）のV等級（上）と視線速度（下）の時間変化を示したものである。横軸はこの変光周期を1とする位相で示してある。この星の半径が最大になるのは、どの位相のときか。

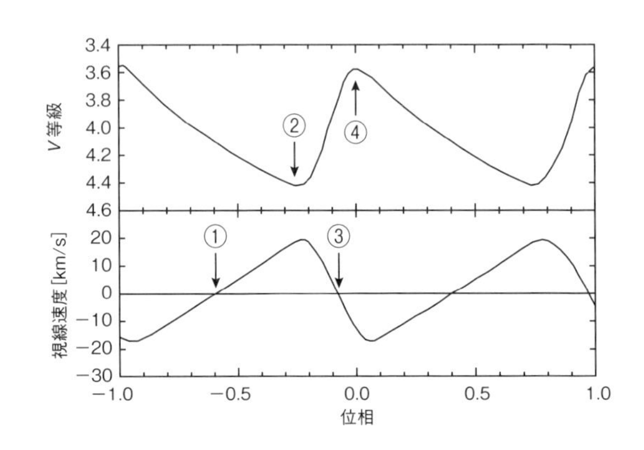

① 視線速度が負の値から正の値に変わるとき
② V等級が最も暗くなるとき
③ 視線速度が正の値から負の値に変わるとき
④ V等級が最も明るくなるとき

Q 32

次の図はシリウス系の軌道を図にしたものである。図をもとに考えると、シリウスAとシリウスBの質量比（シリウスBの質量/シリウスAの質量）は、どれぐらいになるか。

① 0.5
② 1
③ 2
④ この図だけではわからない

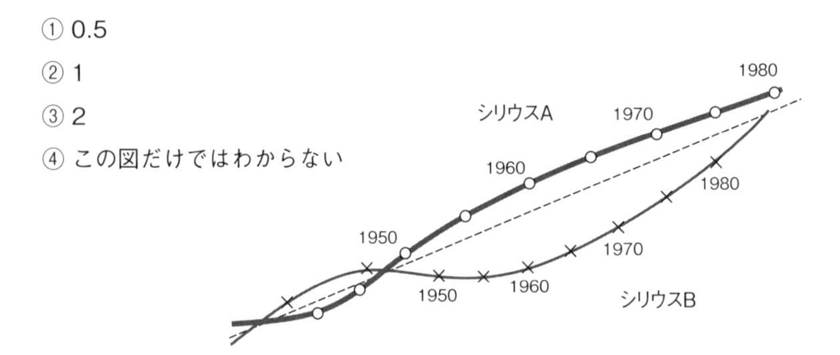

天体Mと連星になっている天体Xに働く、天体Mの潮汐力は、天体Xのまわりでどのような分布となっているか。

①

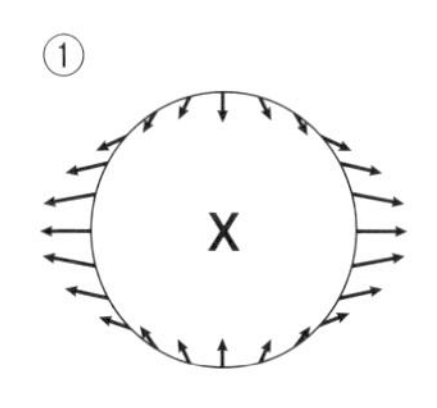

②

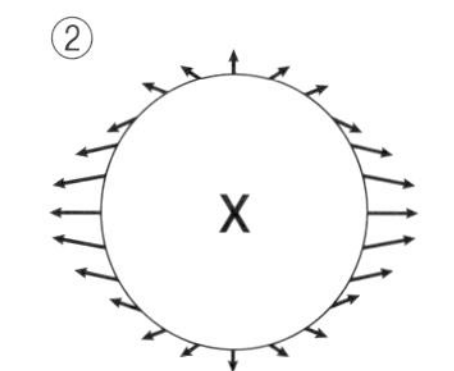

③

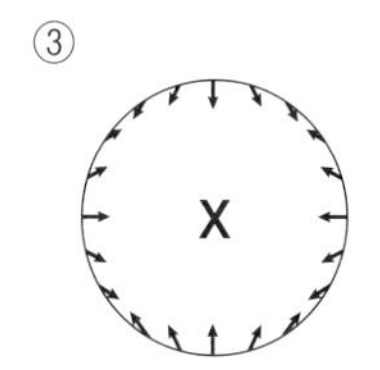

M

④

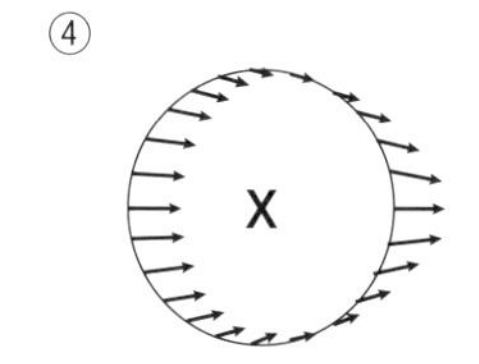

潮汐加速度についての次の記述で、誤っているものを選べ。

① 潮汐力を及ぼす天体の質量に比例する

② 潮汐力を及ぼす天体までの距離の２乗に反比例する

③ 潮汐力を受ける天体の大きさに比例する

④ 潮汐力を及ぼす天体に最も近い側と最も遠い側では、向きが逆になる

① 視線速度が負の値から正の値に変わるとき

δ Cepは変光周期約5.4日で膨張と収縮を繰り返すセファイド型変光星である。膨張するとき、星の表面は地球に近づくため視線速度は負になり、収縮するときは地球から遠ざかるため視線速度は正になる。したがって、半径が最大のときは、視線速度が負から正に変わる瞬間で、①が正答となる。③は星の半径が最も小さくなるときである。また、星が最も明るくなるのは、半径が最も小さくなった後、膨張を始めたころであることがわかる。
(☞参考書3章28節)

第7回正答率22.8%

① 0.5

シリウス系は共通重心のまわりを公転運動しながら、星間空間を並進運動しているので、星間空間における軌道図は、図のようなシリウスAとシリウスBとが絡み合ったものになる。同じ時期におけるシリウスAとシリウスBと共通重心の距離の比がわかれば、重心に対するてこの原理から、重心からの距離の比の逆数が質量比となる。

第2回正答率45.7%

①

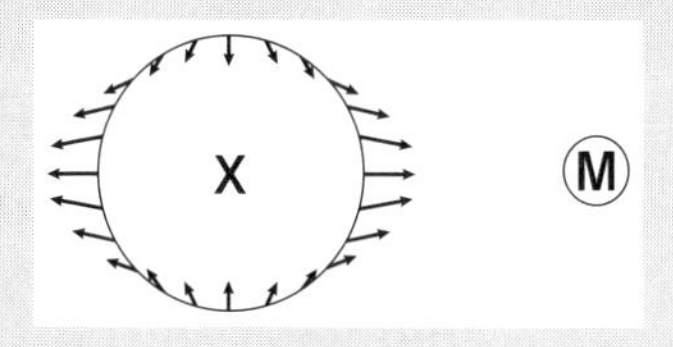

天体Xの中心を原点、天体M方向をx'軸、垂直方向をy'軸として、潮汐加速度は、

$$g_{x'} = +(GM/R^3)2x'$$

$$g_{y'} = -(GM/R^3)y'$$

と表される。この分布を天体表面で丁寧に描けば、①のような分布となる。すなわち、天体Xの表面での潮汐力は、天体Mの方向および反対方向に引き延ばされ、かつ、天体Mの方向と垂直方向には押しつぶされるように働く。(☞参考書4章30節)

第9回正答率57.4%

② 潮汐力を及ぼす天体までの距離の2乗に反比例する

潮汐加速度は、潮汐力を及ぼす天体の質量をM、潮汐力を及ぼす天体までの距離をr、潮汐を受ける天体の半径をa、重力加速度をGとすると、$a \ll r$の近似のもとでは、潮汐力を及ぼす天体に最も近い点と最も遠い点において潮汐加速度の大きさはいずれもGMa/r^3で、向きは逆になる。$a \ll r$でない場合は、大きさは違ってくるが向きは逆である。したがって①、③、④は正しい記述となる。潮汐力はrの3乗に反比例するため、②が誤った記述となり、正答となる。(☞参考書4章30節)

太陽も太陽系の共通重心を中心に公転している。太陽の中心から太陽系の共通重心までの平均距離に最も近い値を選べ。なお、$R_{\odot}$は太陽の半径を表す。

① 0.1 $R_{\odot}$
② 1 $R_{\odot}$
③ 0.1 au
④ 1 au

近接連星系のロッシュポテンシャルにおいて、L_1点近傍の等ポテンシャル線はどの図のようになっているか。

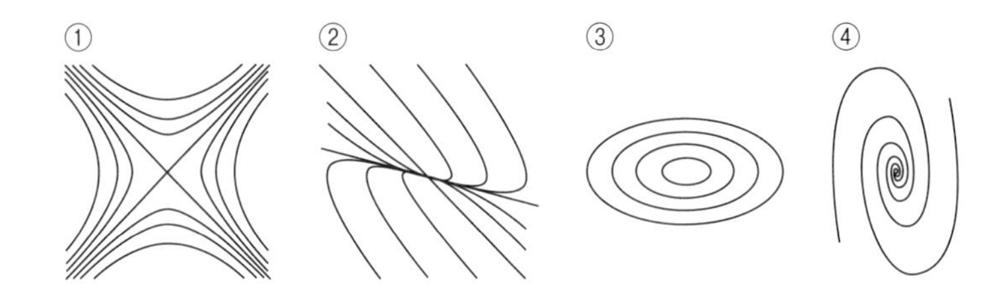

Q
37

次の天体現象で、核反応が原因ではないものを選べ。

① 矮新星
② 超新星
③ 新星
④ Ⅰ型X線バースト

Q38

太陽運動の説明として正しいものを選べ。

① 太陽系の重心の周りの太陽の運動
② 太陽近傍の恒星の平均運動に対する太陽の相対運動
③ 太陽が天の川銀河中心の周りを円運動している運動
④ 天の川銀河中心の周りの円運動に、太陽近傍の恒星の平均運動に対する太陽の相対運動を加えた運動

Q39

恒星の種族と星団の性質について述べた次の文a、bの正誤の組み合わせとして正しいものはどれか。

a：種族Ⅰの恒星は、天の川銀河形成時に生まれた第一世代の星である。
b：散開星団は主にハローの領域に分布する。

① a：正　b：正
② a：正　b：誤
③ a：誤　b：正
④ a：誤　b：誤

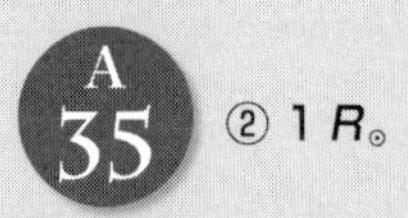

② 1 $R_{\odot}$

太陽と木星が太陽系の共通重心をほぼ決めている。太陽質量をM_s、木星質量をM_j、太陽と木星から共通重心までの平均距離をそれぞれa_s[au]とa_j[au]とすると、$M_s : M_j = a_j : a_s$が成り立つ。

$a_s + a_j = 5$ auなので、$M_s : M_j = 5 - a_s : a_s$

これから、$a_s = 5\,M_j/(M_s + M_j)$

ここで木星の質量は太陽のおよそ1/1000、1 au$\simeq$200 $R_{\odot}$なので、

$$a_s \cong 5\,M_j/M_s$$
$$\cong 5 \times 200\,R_{\odot} \times (M_j/1000)/M_s \simeq R_{\odot}$$

となり、②が正答となる。

①

L_1点近傍では2つの星の重力ポテンシャルが均衡しており、等ポテンシャル線は馬の鞍（サドル）のようにクロスする形状になっている。L_4点やL_5点近傍では③のような形状になっている。

第9回正答率67.8%

① 矮新星

矮新星は白色矮星周囲の降着円盤で起こる爆発現象。その他は核反応に関連した現象である。超新星爆発は、質量の大きな星中心における核反応の暴走によって、星全体が吹き飛んでしまう現象。新星は、白色矮星表面に積もった水素ガスの核反応によって、表層が吹き飛ぶ現象。Ｉ型X線バーストは、中性子星表面に降り積もった水素ガスが、いったんヘリウムに融合し、そのヘリウムのさらなる核反応で、表層が吹き飛ぶ現象。

第8回正答率50.4%

② 太陽近傍の恒星の平均運動に対する太陽の相対運動

太陽運動とは、太陽近傍の恒星の平均運動に対する太陽の相対運動のことで、②が正答である。太陽運動の大きさはおよそ20 km/s、方向はヘルクレス座の赤経18 h、赤緯＋30°の方向である。なお、太陽の向かう方向を太陽向点という。 第8回正答率20.2%

④ a：誤　b：誤

種族Ⅰの恒星は、主に銀河円盤を形成する恒星で、重元素量が多く、第二世代の恒星である。種族Ⅱの恒星は、主にハローに存在し、重元素量が少なく、天の川銀河形成時に生まれた第一世代の恒星である。したがってaは誤りである。散開星団は主に銀河円盤の銀河面近辺に分布し、種族Ⅰの恒星からなる。したがってbも誤りであり、④が正答となる。（☞参考書5章38節）

Q 40

窓のない宇宙船に乗っている宇宙飛行士が、2つの物体を床から高さhの位置1、2の場所に少しだけ離して静かに置いたところ、少し時間が経つと床からの高さh のまま、それぞれ近づき、位置1'、2'の場所に移動するのを観測した。この実験から読み取れる宇宙船の状態について説明した次の文のなかで、最も適切なものはどれか。物体や宇宙船などの質量は無視できるとする。

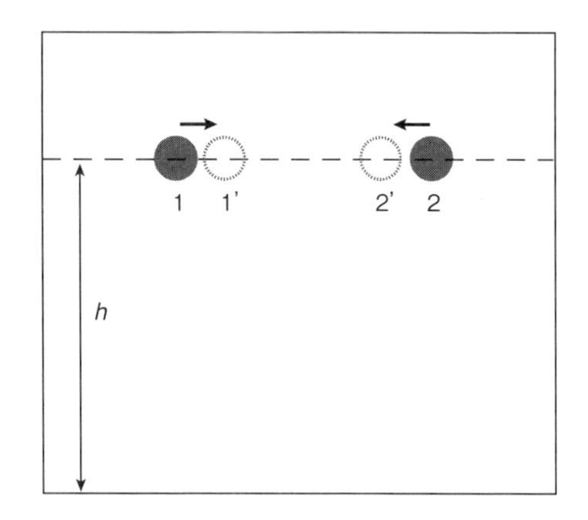

① 宇宙船は重力の無視できる宇宙空間で等速直線運動している
② 宇宙船は重力の無視できる宇宙空間で加速度運動している
③ 宇宙船は天体の重力のもとで自由落下している
④ 宇宙船は天体の表面に静止している

Q 41

宇宙の構造形成の多くは、流体力学的な不安定性と関係が深い。星形成の際のガスの重力収縮の引き金となる不安定の名称は何か。

① ジーンズ不安定
② レイリー不安定
③ パーカー不安定
④ ワイベル不安定

Q 42

ある超新星爆発のエネルギーがE[J] であったとする。これに伴う超新星残骸について、爆発からt[s] 後の高圧領域の半径がR[m] であり、内部の密度（一定とする）がρ [kg m^{-3}] であるとすると、これらの間には、近似的に$t = E^{-1/2}\ \rho^{1/2}\ R^{5/2}$の関係が成り立つ（セドフ解の近似解）。$E = 10^{44}$ J、R=10 pc、$\rho = 10^{-21}$ kg m^{-3}の超新星残骸の年代は、およそどの程度か。

① 5000万年
② 50万年
③ 5000年
④ 50年

Q 43

図は、銀河面内で銀経40°方向の水素の21 cm線の電波強度分布図（横軸が視線速度、縦軸が電波強度）である。図中の矢印で示したA、B、C、Dの４つの視線速度の電波を発する星間ガスのうち、太陽からの距離が最も遠いものはどれか。

① A
② B
③ C
④ D

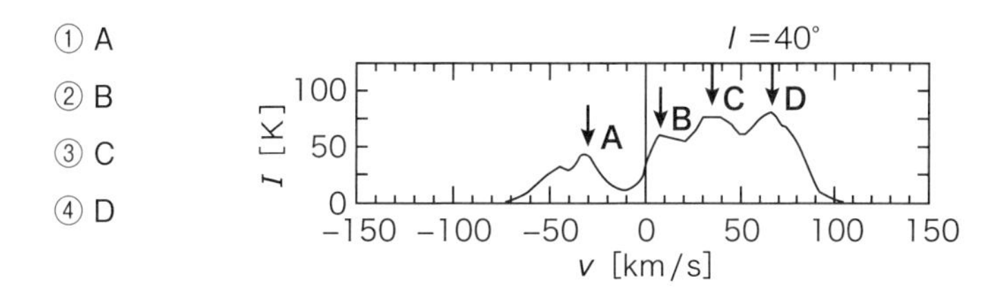

③ 宇宙船は天体の重力のもとで自由落下している

2つの物体の床からの高さが変わらないので、宇宙船は重力の元で自由落下しているか、重力の無視できる宇宙空間を等速直線運動しているかのどちらかである。しかし、2つの物体が近づくのは、天体の重力によって2つの物体がそれぞれ天体中心に向かって落下しているためである。したがって正答は③。

なお、宇宙空間を等速直線運動している場合は、2つの物体の位置は変化しない。宇宙空間を加速度運動している場合は、2つの物体は横方向の距離を保ったまま、加速の方向とは逆方向に移動する。天体の表面に静止している場合は、天体の表面方向に落下する。

第5回正答率39.7%

① ジーンズ不安定

自己重力による重力不安定は、発見者の名前をとってジーンズ不安定とも呼ばれる。②は回転流体の不安定性（密度逆転層に伴うレイリー・テイラー不安定とは別物）。③は磁束管の磁気浮力に起因した不安定性（太陽の黒点形成などで重要）。④は衝撃波面で生じるプラズマ不安定性。（☞参考書5章41節）

③ 5000年

1 pc～3×10^{16} m、1年～3×10^{7} s として数値を代入すると、

$$t\sim(10^{44})^{-1/2}\times(10^{-21})^{1/2}\times(10\times3\times10^{16})^{5/2}$$
$$\sim10^{-22}\times(\sqrt{10}\times10^{-11})\times(30\times30\times\sqrt{30}\times10^{40})$$
$$\sim1.6\times10^{11}\text{s}\sim1.6\times10^{11}/3\times10^{7}\text{年}\sim5\times10^{4}\text{年}$$

(☞参考書5章43節)

① A

視線速度 v は、銀河中心からの距離を R、そこでの銀河回転角速度を $\omega(R)$、太陽の銀河中心からの距離を R_0、太陽の銀河回転角速度を ω_0 とすると、$v=\{\omega(R)-\omega_0\}R_0\sin l$ で与えられる。天の川銀河は内側ほど回転角速度が大きい差動回転をしており、銀経 l が第1象限（$0°<l<90°$）の場合、太陽軌道の内側（$R<R_0$）では視線速度は正（$v>0$）、太陽軌道の外側（$R>R_0$）では視線速度は負（$v<0$）となる。$l=40°$ は第1象限であるから、B、C、Dはいずれも太陽軌道の内側にあり、Aだけが太陽軌道の外側にある。したがって、太陽から最も遠いのはAとなる。なお、B、C、Dの電波を出すガスの位置は視線上に手前と遠方の2カ所に存在するため（距離の不確定性）、この3つの距離の大小関係は、このデータからは決まらない。(☞参考書5章46節)

第4回正答率36.1%

Q
44

太陽Sを含めた銀河面内のすべての恒星が、一定速度V_0で円運動しているとする。図のように、銀経lの第4象限（$270^\circ < l < 360^\circ$の領域）の点Pを、$l$を一定にして太陽の位置（$r=0$）から無限遠（$r=\infty$）まで変化させていくとき、点Pの視線速度$v$の変化を表すものはどれか。

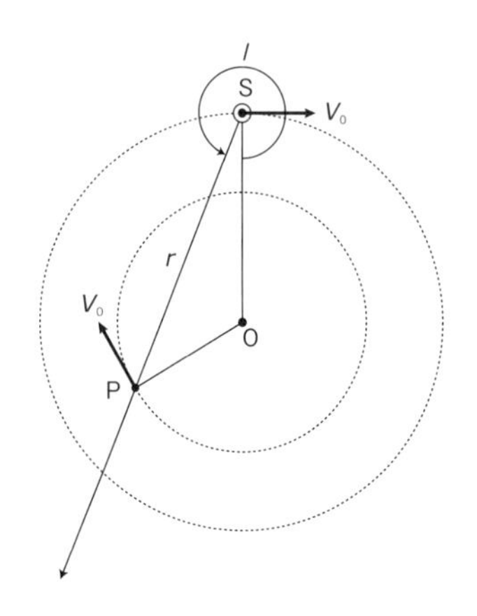

① 単調に増加する

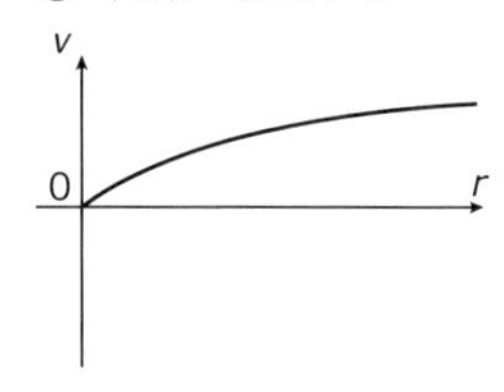

② 単調に減少する

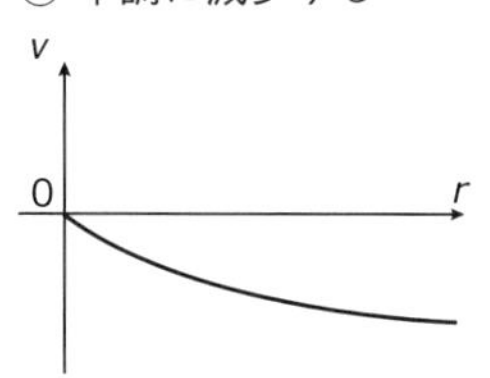

③ 増加後、負の値まで減少する

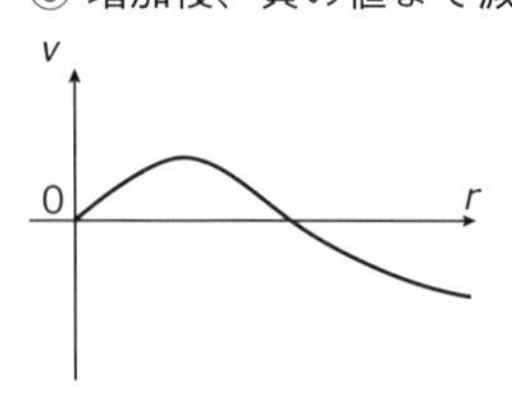

④ 減少後、正の値まで増加する

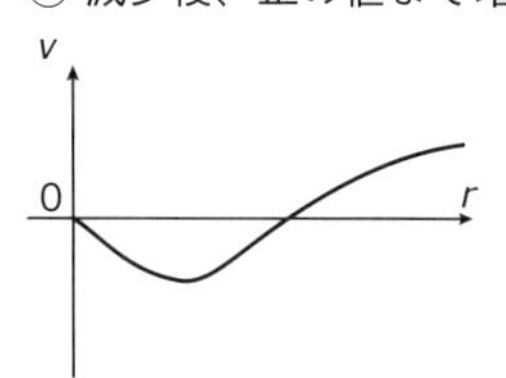

多くの渦巻銀河の回転曲線はフラットローテーションとなっており、大量のダークマターが、銀河を取り囲むようにほぼ球状に分布していると考えられている。このダークマターの密度分布$\rho(r)$を表すものはどれか。ただし、rは銀河中心からの距離を、ρ_0は$r=1$における密度を表す。

① $\rho(r)=\rho_0$（一定）　② $\rho(r)=\frac{\rho_0}{r}$

③ $\rho(r)=\frac{\rho_0}{r^2}$　④ $\rho(r)=\frac{\rho_0}{r^3}$

ある活動銀河の光度が約10^{40} Wで、それを超大質量ブラックホールへの質量降着によるエディントン光度で説明するとしたら、超大質量ブラックホールの質量はどれぐらいと見積もられるか。なお、太陽質量のエディントン光度は1.25×10^{31} Wである。

① 10^3太陽質量
② 10^6太陽質量
③ 10^9太陽質量
④ 10^{12}太陽質量

④ 減少後、正の値まで増加する

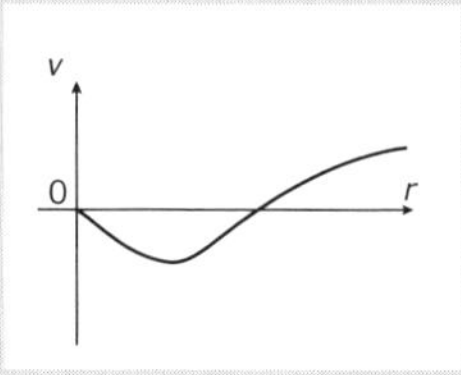

視線速度は、銀河中心からの距離をR、太陽の銀河中心からの距離をR_0、太陽の銀河回転角速度をω_0とすると、$v=\{\omega(R)-\omega_0\}R_0\sin l$で与えられ、回転速度$V(R)=V_0$を用いると、

$$v=\frac{R_0-R}{R}V_0\sin l$$

となる。第4象限では、$\sin l<0$であり、点Pの銀河中心からの距離Rは、rが増加すると、R_0→減少→増加→R_0→∞となるので、点Pの視線速度vは0→減少→増加→0→増加となり、④が正答となる。

なお、①は第3象限（$180°<l<270°$）、②は第2象限（$90°<l<180°$）、③は第1象限（$0°<l<90°$）での変化を表す。

第5回正答率46.0%

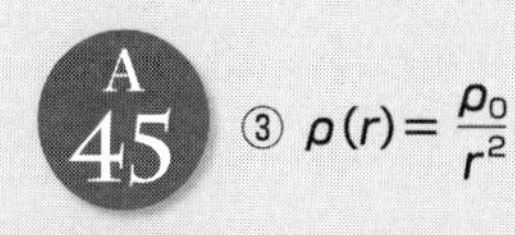

A 45 ③ $\rho(r)=\frac{\rho_0}{r^2}$

銀河回転が$V(r)=V_0$のフラットローテーションの場合、半径rの球内の銀河の全質量を$M(r)$とおけば、質量mの恒星に働く重力と遠心力はつりあうので、

$$\frac{GmM(r)}{r^2}=\frac{mV_0^2}{r}$$

が成り立つ。これから、$M(r)=\frac{V_0^2 r}{G}$となり、半径r内に含まれる全質量は、半径rに比例する。これを満たす密度分布は、密度が半径の2乗に反比例する③の場合なので、正答は③となる。

A 46 ③ 10^9 太陽質量

中心から距離rのところで単位時間単位面積当たりに流れる輻射エネルギー、すなわち輻射流束fは、$f=L/(4\pi r^2)$である。光子のエネルギーEと運動量pの間には、$E=pc$の関係があるので、上記の輻射流束が運ぶ運動量はf/cになる。光子との衝突断面積がσの粒子が受ける運動量は$\sigma f/c$となる。ブラックホールの質量をMとし、粒子の質量をmとすると、粒子にかかるブラックホールの重力は、GMm/r^2である。粒子が受ける光子の運動量とブラックホールの重力を等しいと置くと、そのときの光度は、

$$L=4\pi cGMm/\sigma$$

となる。この光度がエディントン光度である。エディントン光度は中心天体の質量に比例するので、活動銀河の光度を太陽質量のエディントン光度で割ったものが、超大質量ブラックホールの質量の見積もりとなる。

重力波観測では解明できないものを選べ。

① アインシュタインの一般相対論の検証

② 非常に強い重力場での天体物理現象の観測

③ ブラックホール内部状態の観測

④ 宇宙重力波背景放射の検出

Q
48

赤方偏移zを用いて表したハッブル=ルメートルの法則で正しいものはどれか。ただし、ハッブル定数をH、距離をr、光速をcとする。

① $z = Hr$　② $z = \frac{H}{c}r$

③ $z = \frac{H}{r}$　④ $z = \frac{H}{cr}$

LiteBIRD衛星がインフレーションの証拠を探るために観測する、宇宙マイクロ波背景放射の偏光分布の特殊なパターンは何と呼ばれているか。

① Bモード

② Eモード

③ hモード

④ iモード

閉じた宇宙の曲率パラメータkの値はいくつか。

① 0
② ∞
③ −1
④ 1

Q 51

ダークエネルギーによって加速膨張する宇宙の未来は、どうなると予想されているか。

① ビッグバンが起こる
② ビッグクランチで終わる
③ ビッグバウンスする
④ ビッグチルになる

③ ブラックホール内部状態の観測

重力波とは、時空の歪みが波として光速で伝わっていく現象である。光速で伝播するので、ブラックホール内部から外部へ情報伝達することはできない。重力波はアインシュタインの一般相対論の研究において理論的に予言されていたが、2016年の2月に米国の観測チームによって検出されたと報道された。このことは、一般相対論が強重力環境においても成立していることを意味する。今回検出された重力波は、2つのブラックホールの合体に伴い放出されたものだったが、その波形の時間変動の様子より、ブラックホール近傍の強重力場について知ることができる。重力波には物質中を減衰することなく伝搬する性質があるが、今後の重力波研究においては、宇宙誕生“直後”に発生した重力波も観測されると期待されている。宇宙マイクロ波背景放射がビックバンの約40万年後の「宇宙の晴れ上がり」の時期の情報をもたらすのに比べて、宇宙のより原始的な時期の情報が得られることになる。

第6回正答率81.1%

② $z=\frac{H}{c}r$

後退速度を v とすると、ハッブル=ルメートルの法則は $v=Hr$ のように表せる。赤方偏移が1より十分に小さい領域では、$\frac{v}{c}=z$ の関係があるので、赤方偏移 z を用いると、ハッブル=ルメートルの法則は $z=\frac{H}{c}r$ と表せる。(☞参考書1章10節、6章59節)

① Bモード

宇宙誕生直後の急激な膨張（インフレーション）の証拠を探ることを目的とする衛星計画「LiteBIRD」が、宇宙科学研究所により戦略的中型2号機として2019年5月に選定された。「LiteBIRD」は、宇宙マイクロ波背景放射（CMB）の偏光の全天精密観測により、原始重力波の痕跡とされる「Bモード」と呼ばれる特殊なCMB偏光パターンをCMBの中から観測することで、インフレーションの証拠を探るのが目的である。

第9回正答率52.2%

④ 1

フリードマン＝ルメートル方程式を解いて得られる基本的な宇宙モデルでは、宇宙は、開いた宇宙（k＝−1）、平坦な宇宙（k＝0）、閉じた宇宙（k＝1）に大別される。方程式の解からは原理的には任意の正の値を取りうるが、スケールを規格化することによりk＝1に帰着されるので、④が正答となる。

④ ビッグチルになる

宇宙が閉じていれば、宇宙はビッグバンで始まりビッグクランチ（大崩壊）で終わると考えられていた。またビッグバウンスして収縮膨張を繰り返す可能性も指摘されていた。現在は加速膨張が発見され、宇宙は平坦で永遠に膨張すると想像されている。宇宙は膨張するにつれ、希薄になって、新しい星々も生まれなくなり、はるかな未来にはビッグチル（大凍結）に至るだろうと予想されている。

第7回正答率30.7%

Q 52

次の図は、系外惑星の質量（横軸）と半径（縦軸）をプロットした図中に惑星の密度が一定とした場合の質量と半径の関係を実線で描きこんだものである。質量と半径の関係を正しく表しているものはどれか。

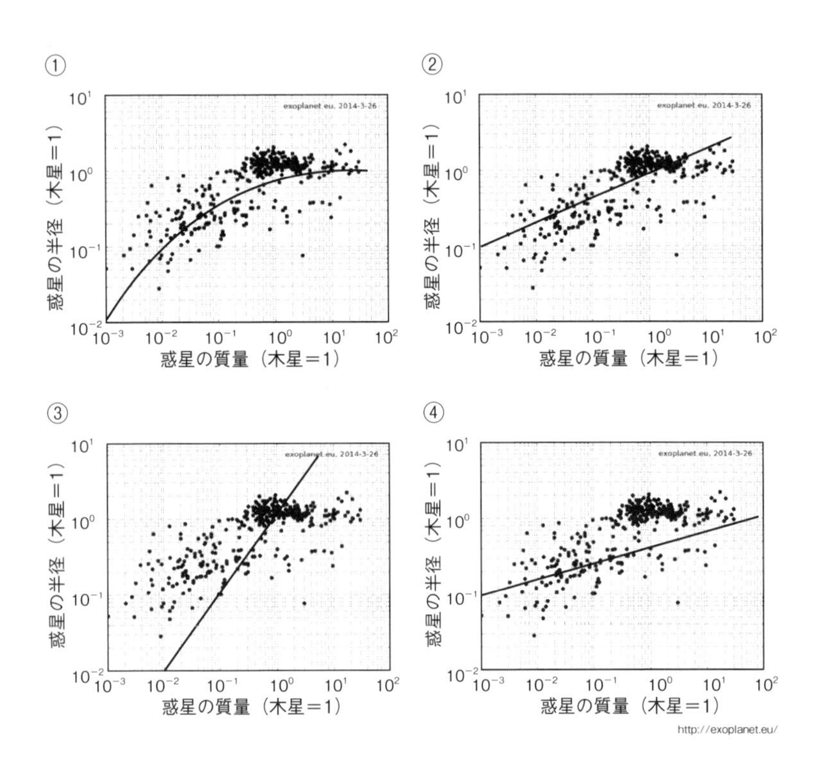

Q 53

地球の公転運動に伴う光行差角はどれくらいか。地球の公転速度を30 km/sとし、天体は黄道の極方向にあるとしてよい。

① 約0.2秒角
② 約2秒角
③ 約20秒角
④ 約200秒角

Q54

スーパーカミオカンデにおいて、ニュートリノが中性子に衝突した際の電子、または反ニュートリノが陽子に衝突した際の陽電子によって放出される青いチェレンコフ光を光電子増倍管で捉えることで、ニュートリノ観測が行われている。このときのチェレンコフ光の放射の様子を最もよく表しているものを次の模式図から選べ。

① 球面上に放射される

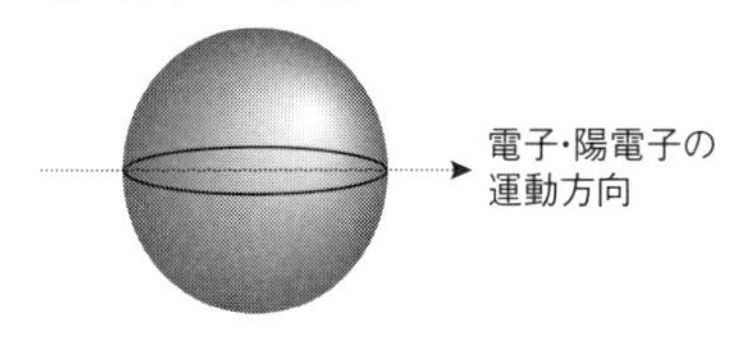

② 円錐状に放射される

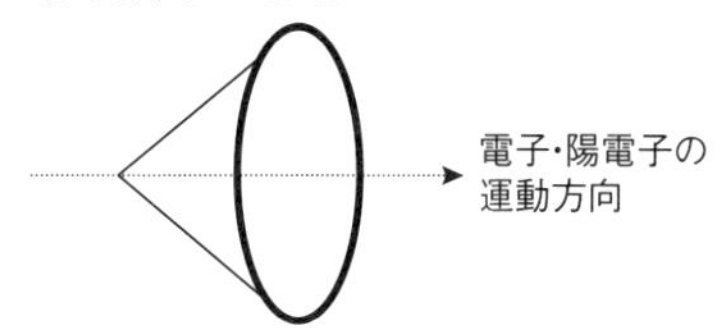

③ 荷電粒子の運動方向に垂直な円盤の円周上に放射される

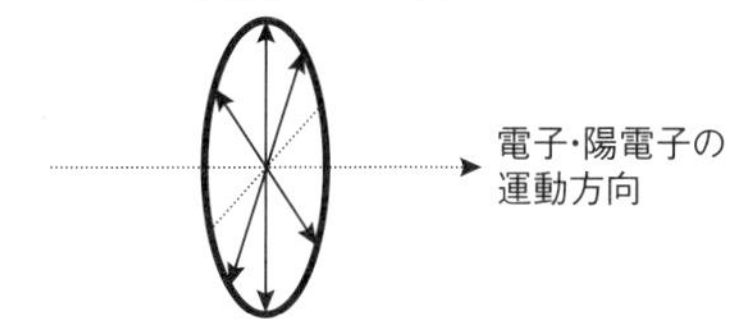

④ 荷電粒子の運動方向にビーム上に放射される

Q55

電子の静止質量に相当するエネルギーは電子ボルト単位でいくらか。

① 111 keV

② 311 keV

③ 511 keV

④ 711 keV

A52 ②

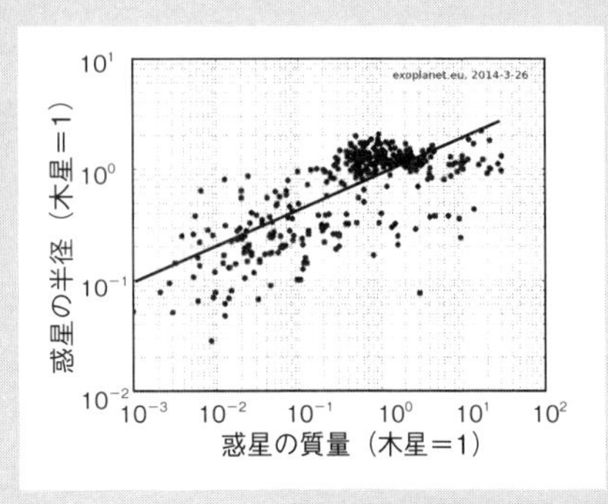

惑星半径をrとすると体積は$\frac{4}{3}\pi r^3$。密度ρが一定の場合の質量mは$m=\frac{4}{3}\pi\rho r^3$となるので、半径rの式に直すと$r=\left(\frac{3m}{4\pi\rho}\right)^{1/3}$。対数にすると、$\log r=\frac{1}{3}\log m+\frac{1}{3}\log\left(\frac{3}{4\pi\rho}\right)$となり、密度が一定ならば、対数軸のグラフでは傾き$\frac{1}{3}$の直線になる。

第5回正答率34.9%

③ 約20秒角

観測者の運動方向から測った天体の方向の角度をθ_0、観測者の運動速度をvと置くと、光行差角$\Delta\theta=(v/c)\sin\theta_0$となる。いまの場合、$v=30$ km/s（地球の公転速度）で、$\theta_0=90°$（黄道の極方向）なので、$\Delta\theta=20.6$秒角となる。なお、地球の公転運動に伴う年周光行差は、1727年、ジェームズ・ブラッドリーがりゅう座γ星で発見した。

第4回正答率19.3%

② 円錐状に放射される

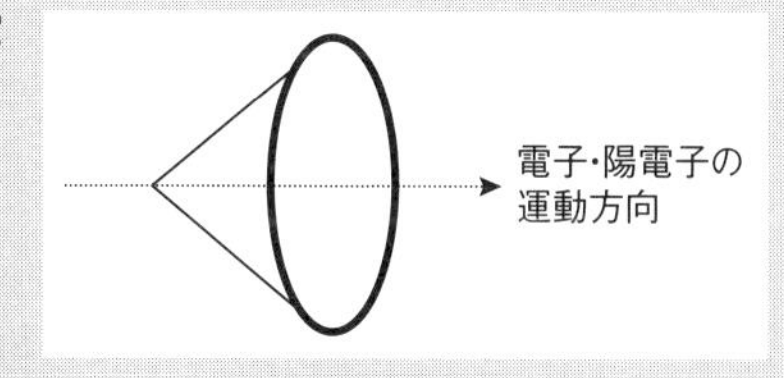

チェレンコフ光は水中での光の速度 c が荷電粒子の速度 v より遅い場合（$c<v$）に放出される。このとき、電場は荷電粒子の後方のみに存在し、半径 ct の球形状の電場が重なりあうことによって＜型の電場の波面が形成される。この＜の上側の／と下側の＼の波面が伝播することによって、チェレンコフ光は円錐状に放出される。これは、水面上で波の速度よりも船の速度の方が大きいときに＜の字型の波が生じるのに似ている。

第6回正答率83.0%

③ 511 keV

電子の質量$m=9.11\times10^{-31}$ kgを、$E=mc^2$にしたがってエネルギーに換算し、さらに電子ボルトに換算すると、511 keV（キロ電子ボルト；ケヴと読む）になる。電子と電子の反粒子である陽電子が対消滅すると、2個のガンマ線光子に転換するが、そのガンマ線のエネルギーがほぼ511 keVになる。太陽フレアや天の川銀河の中心など、宇宙のあちこちで511 keVのガンマ線光子が検出されており、対消滅が起こっていることがわかる。

EXERCISE BOOK FOR ASTRONOMY-SPACE TEST

宇宙開発

Q1 最も比推力の高い推進機はどれか。

① 液体ロケット推進機
② 直流アークジェット推進機
③ パルスプラズマ推進機
④ イオン推進機

Q2 理想的なロケットの燃焼では酸化剤と燃料のバランスを調整し、最も性能の高い酸化剤と燃料の割合（混合比）で燃焼させることが望ましい。しかし、いくつかの理由で最高性能を出す混合比では燃焼をさせていない場合が多い。最も多い混合比の割合はどれか。

① 酸化剤過多
② 燃料過多
③ 酸化剤と燃料を同じ質量
④ 酸化剤と燃料の原子が化学的に完全消費される割合

Q3 固体ロケットの推進剤である固体推進剤は燃料成分と酸化剤成分が内包されているため、一度火がつくと外界の酸素が遮断された水中でも燃焼を継続することができる。そこで、燃焼中に周囲の圧力を徐々に下げ真空にした場合、推進剤の燃焼の振る舞いとして正しいものはどれか。

① 燃焼を継続する
② ついたり消えたりする
③ あるところで消炎する
④ 圧力を下げた瞬間に爆発する

宇宙空間に到達するロケットの飛翔安定方法として不適切なものはどれか。

① 尾翼による空気力を利用した安定法
② ガスジェットによる姿勢制御法
③ ノズルを動かすジンバル制御による安定法
④ 磁石を用いた地磁気を利用する安定法

Q 5

燃焼火炎温度が同じ場合を仮定した際、液体ロケットの推進剤の組み合わせで最も比推力の高いものはどれか。

① 液体酸素－液体水素
② 液体酸素－メタン
③ 四酸化二窒素－液体水素
④ 四酸化二窒素－メタン

Q 6

GPSなどは、もともと軍事技術であったものが民生転用されたものであるが、望遠鏡に応用されている補償光学技術も軍事技術として研究・開発された。この補償光学は、もともとどのような目的で軍事開発されたものか。

① 潜水艦の潜望鏡の性能向上のため
② レーダーの性能を向上させるため
③ 水中での魚雷の命中精度をあげるため
④ 他国の軍事衛星を識別するため

④ イオン推進機

液体ロケットのような化学推進機は、大量の推進剤を噴出するため推力は大きいが、燃焼ガスの平均分子量とガス温度が低いため、数百秒程度の比推力である。一方で、②、③、④の推進機は電気推進に分類され、電気エネルギーを用いて推進剤をプラズマ化する。プラズマとなった推進剤は、密度は低いが非常に温度が高いため、化学推進と比較して比推力が高い。その中でもXe（キセノン）を推進剤とするイオン推進機は、その原理からプラズマ化されたイオンの加速効率がほぼ100%であるため、推進剤としてヒドラジンやテフロンを用いるアークジェット推進機やパルスプラズマ推進機よりも、高い比推力を獲得できる。

第6回正答率26.4%

② 燃料過多

一般的に、燃焼火炎温度は化学的に完全消費される割合（化学的量論比）で最高になり、H_2OやCO_2が生成される。しかし、燃料を少し多い状況にすると燃焼火炎温度は下がるが、H_2やCOの生成が多くなるため燃焼ガス中の平均分子量が小さくなる。そのため少しだけ燃料過多の条件で燃焼させると比推力低下はそれほど大きくなく、また、燃焼火炎温度が下がるので燃焼室の熱負荷が低下する。結果、軽量化が図られるため、これらの理由から燃料過多で燃焼させることが一般的である。

③ あるところで消炎する

固体推進剤には低圧可燃限界（low Pressure Deflagration Limit：PDL）が存在し、あるところまで減圧をすると消炎してしまう。これは、推進剤中に含まれる酸化剤粒子が熱分解に必要とする熱エネルギーが大きいため、周囲の圧力を減少させると酸化剤粒子が熱分解されにくくなり、燃料過多となって消炎する。PDLは固体モータの残存推力の推定に重要なパラメータである。

第5回正答率25.4%

④ 磁石を用いた地磁気を利用する安定法

ロケットの打ち上げにおいて、小型の固体ロケットなどは尾翼による空力による安定とスピンを用いた安定法を併用している。また大型の液体ロケットなどはガスジェットを噴射することによる姿勢制御とロケットのエンジンのノズルを動かすジンバル制御を行っている。磁石を用いた地磁気を利用する姿勢安定法は姿勢制御に必要な力は非常に小さいため、主に人工衛星の姿勢安定法に用いられている。

第6回正答率60.4%

① 液体酸素－液体水素

比推力は燃焼火炎温度に比例して高くなり、また、燃焼ガス中の平均分子量が小さいほど高くなる。ここでは火炎温度を同じと仮定しているため、燃焼ガス中の平均ガス分子量が小さいものを選択すればよい。①は主に水蒸気が発生するためH_2Oであり、分子量は18前後となる。炭素が含まれるメタンなどでは二酸化炭素（CO_2）が多く排出されるため、分子量は48前後、四酸化二窒素の場合も窒素酸化物（NO_x）や二酸化炭素（CO_2）などが燃焼ガスの主な成分となるため、平均分子量が大きくなり比推力は低下する。

第5回正答率57.1%

④ 他国の軍事衛星を識別するため

補償光学は大気による像の乱れを取り除いてシャープな像を得るために、望遠鏡の鏡を電子制御で変形することでイメージを補正する技術である。この技術は、もともとアメリカが大気の揺らぎによる像を補正して、地球を周回する他国の軍事衛星や偵察衛星を識別するために開発が進められたもので、1980年代後半に技術が確立した。この技術は現在、天体のシャープな像を得るために、すばる望遠鏡などにも用いられている。

Q 7

ロケットの推進力として光子を利用する光子ロケットを提唱したのは次のうち誰か。

① ヘルマン・オーベルト
② オイゲン・ゼンガー
③ コンスタンチン・ツィオルコフスキー
④ ロバート・バサード

Q 8

次の宇宙航空研究開発機構（JAXA）の施設のうち、旧・宇宙開発事業団（NASDA）由来の施設はどれか。

① 能代ロケット実験場
② 臼田宇宙空間観測所
③ 地球観測センター
④ 調布航空宇宙センター

Q 9

国際宇宙ステーション計画に関する次の記述のうち、誤っているものを選べ。

① 宇宙ステーションは、地球を1周するごとに1回転している
② 日本の実験モジュールの名称は「きぼう」という
③ 緊急時に備え、すぐに飛行できるように地上で宇宙船が待機している
④ 現在、日本・ロシア・アメリカの宇宙船が地上から宇宙ステーションに貨物を運んでいる

地球において、高度1000 kmを宇宙空間のはじまりとすると、そこでの気圧は地上（高度0 m）と比べてどれくらいだろうか。最も近いものを選べ。

① 10^{-3}倍
② 10^{-5}倍
③ 10^{-7}倍
④ 10^{-9}倍

1877年にイタリアの天文学者ジョヴァンニ・スキアパレッリは、望遠鏡で火星を観察し、表面に見られた構造をイタリア語で「カナリ」(Canali)と名付けた。この意味するものは何か。

① 水路
② 運河
③ 岩塊
④ 山脈

小惑星サンプルリターンミッションのターゲットとなる小惑星を選ぶとき、あまり重視されないものはどれか。

① 小惑星の軌道傾斜角
② 小惑星の形
③ 小惑星の自転周期
④ 小惑星の近日点距離や遠日点距離

② オイゲン・ゼンガー

ドイツ（オーストリア＝ハンガリー二重帝国）のオイゲン・ゼンガー（1905～1964）が提唱したとされる。ヘルマン・オーベルト（1894～1989）はドイツのロケット工学者で、コンスタンチン・エドゥアルドヴィチ・ツィオルコフスキー（1857～1935）はロシアのロケット研究者。ロバート・バサード（1928～2007）はアメリカの物理学者で、ラムジェット推進の研究に貢献した。

③ 地球観測センター

能代ロケット実験場は、旧宇宙科学研究所のロケット（Mシリーズ）のエンジン開発のために作られた施設である。臼田宇宙空間観測所は同じく旧宇宙科学研究所時代に設立された、深宇宙通信可能なアンテナ施設。地球観測センターは、NASDA時代に地球観測衛星のデータ受信のために設置された。調布航空宇宙センターは旧・航空宇宙技術研究所（NAL）の施設。

③ 緊急時に備え、すぐに飛行できるように地上で宇宙船が待機している

アメリカがスペースシャトルの使用をやめたので、今は、ロシアのソユーズ宇宙船のみが宇宙飛行士の輸送手段になっているが、1機には3人の飛行士が乗れる。ソユーズ宇宙船に3人の宇宙飛行士が乗って宇宙ステーションにいくと、その宇宙船は宇宙飛行士とともに宇宙ステーションにとどまり、緊急時に備える。そして、3人の飛行士はその宇宙船で地上に帰還する。日本・ロシア・アメリカの宇宙船により、ある頻度で貨物が宇宙ステーションに運ばれるから、宇宙ステーションに3機・4機の宇宙船が停泊する状況も出現している。ちなみに、宇宙ステーションはその下の面を常に地表に向けて回っているので、地球1周とともに宇宙ステーションも1回転する。したがって、誤りは③。

④ 10^{-9}倍

国際宇宙ステーションの軌道高度は約400 kmで、その高度での気圧は大体10^{-5}[kPa]程度と言われている。地上での気圧は1気圧で約100[kPa]。よって、高度400 kmで既に地上気圧の10^{-7}倍。高度1000 kmではさらに圧力が格段に低くなり、真空度が増す。

第4回正答率22.9%

① 水路

スキアパレッリは、自分が観察した火星の筋状構造に、イタリア語で溝や水路を意味する「カナリ」という名前をつけ、それをいくつもスケッチした火星図を作った。そして「カナリ」が英語に訳される際、人工の運河をあらわすキャナル（canal）と訳されたことにより、火星には運河がある、と思われるようになった。運河を作った高度な文明をもつ火星人がいるに違いない、という考えが広まり、当時は多くの火星人物語も作られた。後の探査により、火星表面には大規模な洪水の跡や網目のような（恐らく水による）浸食地形が見つかったが、19世紀の望遠鏡の精度で見えていたとは考え難い。極冠やダストストーム（巨大な砂嵐）によって見える、火星表面の薄暗い模様の濃淡を、筋状構造として認識したと考えられるだろう。

② 小惑星の形

探査機が小惑星にランデブーできるかどうかを検討するときに、軌道傾斜角や近日点距離・遠日点距離が重要な要素となる。また、探査機の熱制御についても、近日点距離や遠日点距離は重要である。探査機が着陸できるかどうかは、小惑星の自転周期によるので、自転周期も重要である。小惑星の形については、事前に正確に知ることができればそれに越したことはないが、実際には地上からの観測ではあまり正確には分からない。探査機が到着して正確な形を把握してから、着陸が試みられることになる。ただし、小惑星の大きさは事前に推定しておくことが重要である。なぜならば、小惑星の大きさ（正確には質量）によっては探査機が小惑星の回りで飛行するときに必要となる燃料が異なるからである。

Q13

小惑星探査機「はやぶさ2」は「はやぶさ」の設計を基本としているものの、「はやぶさ」とは違っている点もいくつかある。その中で最も目立つ違いの1つがアンテナである。「はやぶさ」では大きなパラボラアンテナが1つだけ搭載されていたのに対し、「はやぶさ2」では大きな平面アンテナが2つ搭載されている。次のうち、「はやぶさ2」のアンテナに関する記述で正しいものを選べ。

① 片方が故障しても良いように、同じ機能をもつアンテナを2つ搭載している
② 搭載された平面アンテナによる高速通信（Kaバンド）は国内では受信できない
③ 平面アンテナは「はやぶさ2」で初めて採用された新技術である
④ 2つの平面アンテナの合計の重さは、「はやぶさ」パラボラアンテナと同程度である

Q14

次の月小型探査機のうち、カメラを搭載していなかったものはどれか。

① クレメンタイン
② ルナー・プロスペクター
③ スマート・ワン
④ グレイル

Q15

次にあげる彗星探査機の名称と探査機の目的の組み合わせとして誤っているものはどれか。

① 名称：スターダスト　　目的：サンプルリターン
② 名称：ディープインパクト　　目的：インパクターの打ち込み
③ 名称：ロゼッタ　　目的：着陸機投入
④ 名称：ディープスペース1　　目的：彗星核への突入

Q 16

実際に宇宙に行った人工衛星や探査機のうち、本体の実機が地球上に存在するものは次のうちどれか。

① スペース・フライヤー・ユニット（SFU）
② 小惑星探査機「はやぶさ」
③ 赤外線天文衛星「あかり」
④ 宇宙ステーション補給機「こうのとり」

Q 17

火星がテラフォーミングされて海洋まで形成されたとき、火星の北半球にできると推定されている大海洋の現在の地名はどれか。

① ボレアリス盆地
② クリュセ平原
③ エリシウム平原
④ オリンピア高原

Q 18

最近の天文衛星は太陽－地球系の第2ラグランジュポイント（L_2）に設置されるものが多い。次のうち、L_2に設置されなかった天文衛星を選べ。

① ウィルキンソン・マイクロ波異方性探査機「WMAP」
② 遠赤外線宇宙望遠鏡「ハーシェル」
③ 系外惑星探査衛星「ケプラー」
④ 位置天文観測衛星「ガイア」

② 搭載された平面アンテナによる高速通信（Ka バンド）は国内では受信できない

2つの平面アンテナは、従来から利用されていたXバンドのアンテナと、より高速通信が可能なKaバンドのものである。Xバンドの平面アンテナは金星探査機「あかつき」にも採用されていた。平面アンテナの重さはそれぞれ約1 kgであり、「はやぶさ」のパラボラアンテナの6.8 kgに比べて軽くなった。Kaバンドによる高速通信は、臼田宇宙空間観測所など国内のアンテナでは受信できず、NASAやESAのアンテナを利用してデータ受信を行っている。

② ルナー・プロスペクター

「クレメンタイン」は1994年に打ち上げられたアメリカの月探査機で、世界ではじめてデジタルで月の全球を撮影した探査機。「ルナー・プロスペクター」は月の重力の調査を目的としておりカメラは搭載していなかった。「スマート・ワン」はヨーロッパ初の月探査機で小型ながらカメラを搭載。「グレイル」も重力の探査を目的としていたが、教育目的のカメラ「ムーンカム」を搭載していた。

④ 名称：ディープスペース１　目的：彗星核への突入

①「スターダスト」は1999年打ち上げのNASAの探査機でヴィルト第2彗星からのサンプルリターンが目的で2006年に無事サンプルリターンを成功させた。
②「ディープインパクト」は2005年打ち上げのNASAの探査機で同年テンペル第1彗星へインパクターを打ち込んだ。
③「ロゼッタ」は2004年打ち上げのESAの探査機で2014年にチュリュモフ・ゲラシメンコ彗星へ到着し着陸機「フィラエ」の投下を成功させた。
④「ディープスペース1」は1998年にNASAが打ち上げた探査機でイオンエンジンなどの技術試験の後、2001年にボレリー彗星への近接探査を行い彗星核の撮影を成功させたが、突入は目的ではない。

① スペース・フライヤー・ユニット（SFU）

SFUは1995年に打ち上げられ、宇宙空間での天文観測や各種実験を行なった後、1996年1月に、スペースシャトル「エンデバー」にて、若田光一宇宙飛行士が操縦するロボットアームにて回収され、地上に持ち帰られた。このSFU本体は現在では上野の国立科学博物館に展示されている。「はやぶさ」は2010年に地球に帰還したが、本体は大気圏突入時に燃え尽きた。「あかり」はクライオスタットの試験モデルが名古屋市科学館に展示されているが、実際に宇宙に行った実機ではない。「こうのとり」は国際宇宙ステーションに物資などを届けた後、大気圏に突入し燃え尽きる。

① ボレアリス盆地

火星の北半球には、火星の表面積の約40%を占めるなだらかな領域「ボレアリス平原・ボレアリス盆地（Vastitas Borealis)」が存在している。この盆地は、太陽系形成初期に起きたと思われる、超巨大衝突の名残だという説もある。水が多かったかもしれない過去の火星や、海洋までテラフォーミングされた未来の火星では、この盆地がボレアリス海となるだろう。

第8回正答率31.9%

③ 系外惑星探査衛星「ケプラー」

太陽−地球系の第2ラグランジュポイント（L_2）は、地球から見て太陽と反対側に150万km離れた位置にある。ここだと太陽と地球が常に同じ位置にあることから、衛星が熱的に安定するなどの利点がある。そのため、望遠鏡を冷却する「ハーシェル」や、高い熱的安定性が求められる「WMAP」や「ガイア」はL_2に設置された。「ケプラー」は、地球を追いかけるように太陽の周りを回る「地球追尾軌道」に投入された。

第8回正答率16.8%

Q19

惑星探査機における発電に関する記述で、誤っているものを選べ。

① ボイジャーなどの過去の惑星探査機は原子力電池を用いていた
② 宇宙用の原子力電池は、放射性物質の崩壊熱を電力に変換している
③ 現在までに太陽電池のみの発電で木星まで到達した探査機は存在しない
④ JAXAは原子力電池を用いずに木星まで航行する計画を検討中である

Q20

ツィオルコフスキーの公式はロケットの方程式として有名であるが、彼自身が描いたロケットの設計図で、矢印が指す、図の右上に書かれている「ч е л о в е к」とは何を表すものか。

① 液体燃料
② 爆弾
③ 人間
④ 運搬物

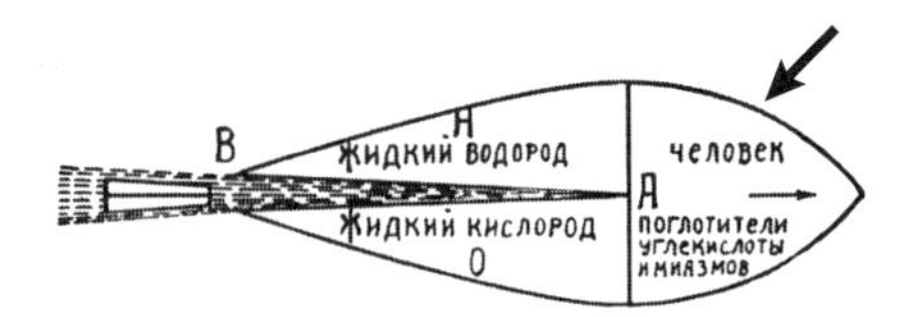

Q 21

JAXAが検討中の深宇宙探査技術実証機「DESTINY＋」は、小惑星ファエトンのフライバイ観測を計画している。小惑星ファエトンは有名な流星群の母天体として知られているが、その流星群は次のうちどれか。

① しぶんぎ座流星群
② ペルセウス座流星群
③ ふたご座流星群
④ しし座流星群

Q 22

スペースデブリ（宇宙ゴミ）に関する次の記述のうち、正しいものを選べ。

① 隕石などの自然物体のうち、特に宇宙機と衝突する可能性がある大型のものをスペースデブリと呼ぶ
② 米国空軍の定常的な観測により、直径数mmレベル以上のスペースデブリは、ほとんどカタログに登録され、常時監視されている
③ スペースデブリの発生防止のため、静止衛星は運用終了後に静止軌道から遠ざけることが推奨されているが、低軌道衛星は運用終了後に放置しておいても特に問題はない
④ 国際宇宙ステーションでは、直径1 cm以下のスペースデブリはバンパで防御し、100 cm以上のスペースデブリは軌道制御により衝突を回避する

③ 現在までに太陽電池のみの発電で木星まで到達した探査機は存在しない

探査機の電力は、太陽電池によってまかなわれることが多いが、太陽から遠く離れた外惑星を探査する惑星探査機では、太陽電池による発電では電力をまかなうことは難しかった。NASAの木星探査機「Juno」は、原子力電池を用いずに太陽電池のみで発電し、木星まで到達した初めての探査機である。JAXAは薄膜太陽電池を展開して木星でも発電できるソーラー電力セイル探査機「OKEANOS」による木星トロヤ群探査を計画中である。

第8回正答率51.3%

③ 人間

この図は1903年に発表された「反動機械を用いる宇宙の探査」と題する論文にあるロケットの設計図である。「человек」とは人間の意味で、この設計図に描かれているように、コンスタンチン・ツィオルコフスキーは人間を運ぶという有人ロケットとして設計した。

第9回正答率27.0%

③ ふたご座流星群

小惑星ファエトンはふたご座流星群の母天体である。ファエトンは過去に彗星活動を行なっていたが、現在は彗星活動していない「枯渇彗星核」だと考えられている。「DESTINY＋」は、流星群母天体であり、枯渇彗星核でもあり、地球接近天体でもあるファエトンをフライバイすることで、その実態を解明することを目的の1つとしている。

④ 国際宇宙ステーションでは、直径1 cm 以下のスペースデブリはバンパで防御し、100 cm 以上のスペースデブリは軌道制御により衝突を回避する

隕石などの自然物体は、スペースデブリではなく、メテオロイドと呼ばれている。カタログに登録され、常時監視されているのは、10 cm以上の比較的大きなデブリである。低軌道衛星も運用終了後に大気圏に突入させるなど、デブリにならないように対策をとる。

第3回正答率56.3%

EXERCISE BOOK FOR ASTRONOMY-SPACE TEST

天文学その他

Q1 統計学者のスティーブン・スティグラーが提唱した「科学的発見に第一発見者の名前がつけられることはない」というスティグラーの法則に当てはまらないものを選べ。

① カイパーベルト
② シュバルツシルトの解
③ スティグラーの法則
④ ボーデの法則

Q2 フーコーの振り子で地球の自転を証明したレオン・フーコーの業績でないものを選べ。

① 光速度の測定
② 天体写真の撮影
③ 望遠鏡の鏡面精度測定法開発
④ 電気モーターの原理の発見

Q3 次のうち、ウィリアム・ハーシェルの功績でないのはどれか。

① 土星の衛星ミマスとエンケラドスを発見した
② 掃天観測から天の川銀河（銀河系）の構造を推測した
③ 赤外線を発見した
④ 星雲星団などのカタログ「ニュージェネラルカタログ」を作成した

月のクレーター名にもなっているカミーユ・フラマリオンの仕事ではないのはどれか。

① フランス天文学会を創設した
② ハレー彗星に毒ガスが含まれているという説を唱えた
③ 火星にカナリ（運河）があり、火星人の建造物と唱えた
④ ブラックホールを提唱した

Q5

1838年フリードリッヒ・ベッセルは恒星の年周視差の測定に初めて成功した。ほぼ同時期にフリードリッヒ・フォン・シュトルーベやトーマス・ヘンダーソンもベッセルとは別の星で成功している。彼らがそれぞれ最初に測定に成功した星はいずれも固有運動が大きく、観測地からは周極星に近い。また多重星でもあった。あてはまらない星はどれか。

① ベガ
② 61 Cyg
③ α Cen
④ バーナード星

次のうち超新星爆発を２回見た可能性のある人物を選べ。

① 徳川家康（1543～1616）
② レオナルド・ダ・ヴィンチ（1452～1519）
③ アイザック・ニュートン（1642～1727）
④ 藤原道長（966～1027）

② シュバルツシルトの解

① ジェラルド・カイパー以前に何人かの研究者が提案していた。近年はエッジワース・カイパーベルトと呼ばれることが多い。

③ スティグラーの法則自体もスティグラーの法則に当てはまっているとスティグラー本人が述べている。

④ 最初に発見したのはヨハン・ティティウスだったが、根拠に乏しかったため注目されなかった。後にヨハン・ボーデが自著内で紹介し有名になった（その際ティティウスの名前に言及しなかった)。近年はティティウス・ボーデの法則と呼ばれることが多い。

④ 電気モーターの原理の発見

レオン・フーコーは、科学記者だったが、当時革新的だったタゲレオ写真を学び、太陽の写真の撮影や、友人アルマン・フィゾーと競うように回転鏡を使った光速度の測定などを行っている。また、パリ天文台に勤務してからは、望遠鏡のモータードライブや鏡面精度を測定するフーコーテストを開発するなど、様々な業績をあげている。電気モーターは複数の科学者が原理の発見者としてあげられるが、最も有名なのは、1821年のイギリスのマイケル・ファラデーによる実験であり、1819年生まれのレオン・フーコーが活躍するより前の時期である。

第8回正答率29.4%

④ 星雲星団などのカタログ「ニュージェネラルカタログ」を作成した

ハーシェルの功績で最も有名なのは天王星の発見だが、ほかにも①、②、③のような功績がある。④の「ニュージェネラルカタログ」は、ハーシェルによって作られた『星雲目録』を基に息子のジョン・ハーシェルが作った『ジェネラルカタログ』を、さらにジョン・ドライヤーが追補して作成したものである。

第9回正答率36.5%

④ ブラックホールを提唱した

カミーユ・フラマリオンは、19世紀の末から20世紀初頭に活躍したフランスの天文学者である。多数の天文普及書籍を著したことで知られる。現在知られている日食の原理などの図版も、多くはフラマリオンの著書にさかのぼることができる。また、ハレー彗星に毒ガスや、火星に運河といった、やや怪しいことも言い出したが、すでに有名人だったので多くの人が彼の説明を真に受けた。

④ バーナード星

まずベッセルが61 Cygに対して、続いてヘンダーソンがα Cen、シュトルーベがベガに対して年周視差の測定に成功した。バーナード星の固有運動は大きいが、みかけの等級が11等と暗く、また単独星と考えられている。

① 徳川家康

徳川家康（1543～1616)、レオナルド・ダ・ヴィンチ（1452～1519)、アイザック・ニュートン（1642～1727)、藤原道長（966～1027）のうち、ティコの超新星出現（1572年)、ケプラーの超新星出現（1604年）の両方に存命していたのは、徳川家康だけである。ケプラーの超新星以後、肉眼で見えた超新星は、1987年に大マゼラン雲内に発見されたSN 1987Aである。

Q7

2019年、日本天文遺産に指定された書物は何か。

①『明月記』
②『日本書紀』
③『方丈記』
④『竹取物語』

Q8

江戸時代の天文学者渋川春海は、当時日本で使われていた中国星座に加えて、自ら61の星座をつくって追加した。その成果は、オリジナルの星図として発表されている。では、その星図のタイトルは何か。

①「天文分野之図」
②「天文図解」
③「天文成象」
④「天象列次之図」

Q9

1874年（明治7年）に、ある天文現象の観測を目的として、アメリカ・フランス・メキシコなどの観測隊が来日して観測を行った。明治政府は世界の最新の天文観測技術を学ばせることを目的として、この観測隊に日本人も同行させた。この時に観測対象となった天文現象とは何か。

① 皆既日食
② 火星の大接近
③ 金星の太陽面通過
④ ハレー彗星

日食の周期である「サロス周期」（6585.3212日）について正しい文を選べ。

① 同じ場所で再び同じような日食が見られるのは3周期後である
② 古代ギリシャ人サロスによって発見された
③ 地動説確立後にエドモンド・ハレーによって発見された
④ 太陽黒点の周期と連動している

Q 11

「宇宙が無限に広いならば、夜空も明るいはずだ」ということを最初に指摘したのは誰か。

① トーマス・ディッグス
② ジャン・フィリップ・ロイ・ド・シェゾー
③ ハインリッヒ・オルバース
④ ヘルマン・ボンディ

Q 12

生命の起源に関して、パンスペルミア説について正しく述べているものはどれか。

① 深海底の熱水噴出孔周辺で、生命が誕生したとする説
② 潮の干満の差が大きな干潟周辺で、生命が誕生したとする説
③ 生命の材料や生命そのものが、宇宙から運ばれてきたとする説
④ 黄鉄鉱などの鉱物を触媒として、その表面で生命が誕生したとする説

①『明月記』

日本天文学会は、日本における歴史的意義のある天文学・暦学に関する史跡・事物に対して、その普及と活用を図ることを目的として、2018年度より「日本天文遺産」の認定を始めた。第1回は、公益財団法人冷泉家時雨亭文庫が所有する、藤原定家が記した日記『明月記』と、福島県会津若松市にある江戸時代の天文台跡「会津日新館天文台跡」が選定された。

第9回正答率75.7%

③「天文成象」

渋川春海は、1698年に『天文瓊統（けいとう）』という本を著し、その中に「天文成象図」として、オリジナルの星座を加えた星図を発表している。翌年には、この本の星図だけを抜き出して、長男の渋川昔尹（ひさただ）の名義で『天文成象』を出版している。
①と④は、それ以前の渋川春海の星図で、①は1677年、④は1670年の刊行。両者とも描かれているのは中国星座だけである。②の『天文図解』は、1688年に井口常範が著した天文書で、渋川春海とは関係がない。

第4回正答率26.5%

③ 金星の太陽面通過

太陽までの距離を測定することを目的として、金星の太陽面通過が日本国内で観測された。アメリカ隊は長崎で、フランス隊は長崎と神戸で、メキシコ隊は横浜で金星の太陽面通過の観測を行なった。長崎市立山町の金毘羅山金毘羅神社、神戸市中央区の諏訪山公園、横浜市の神奈川県青少年センター、フェリス女学院には今でもこの時の観測の記念碑が残っている。

① 同じ場所で再び同じような日食が見られるのは 3 周期後である

サロス周期は太陽と月の見かけの運動から紀元前7世紀頃バビロンで発見された。端数0.3212日（約8時間）があるため、1サロス後の日食は地球上で120度西にずれた位置で起こるが、3サロス後の日食はまた同じ場所で見られる。

① トーマス・ディッグス

この謎は一般に「オルバースのパラドックス」と呼ばれるが、オルバースが最初の提案者ではない。この謎はディッグスによる『天空の軌道の完全な解説』（1576）で指摘されたのが最初とされている。その後シェゾーが1744年に、後にオルバースが1823年にこの謎についての定量的な計算を示した。この謎についてボンディが1952年の著書の中で「オルバースのパラドックス」と名付けて紹介したことでこの名称が広く一般に知られることとなった。

③ 生命の材料や生命そのものが、宇宙から運ばれてきたとする説

パンスペルミア説は、古くはウィリアム・トムソンやスヴァンテ・アレニウスなどによっても唱えられた。宇宙を漂う塵や彗星に微生物が付着して地球に運ばれたと考える説や、微生物そのものが宇宙空間を漂って地球にやってきたと考える説がある。パンスペルミア説の提唱者の1人であるフレッド・ホイルは、宇宙空間に漂う塵の一部は乾燥した微生物であると考えた。DNAの二重らせん構造の発見者として知られるフランシス・クリックもパンスペルミア説を唱えた1人で、彼は知的生命が生命の素を宇宙空間にばらまいたとする「意図的パンスペルミア説」を唱えている。しかし、これは生命の起源根本の解決にはならないため、批判も多くある。

第5回正答率77.8%

Q 13

日本が国際宇宙ステーションで進めている、「生命の材料となる有機物が宇宙から地球にやってきた可能性がどれくらいあるのか」を調べる計画を何というか。

① たんぽぽ計画
② あさがお計画
③ ひまわり計画
④ あじさい計画

Q 14

次のグラフは、人体における元素の存在比を重量%で表したものである。最も多い元素（ア）と2番目に多い元素（イ）の組み合わせとして、正しいものを選べ。

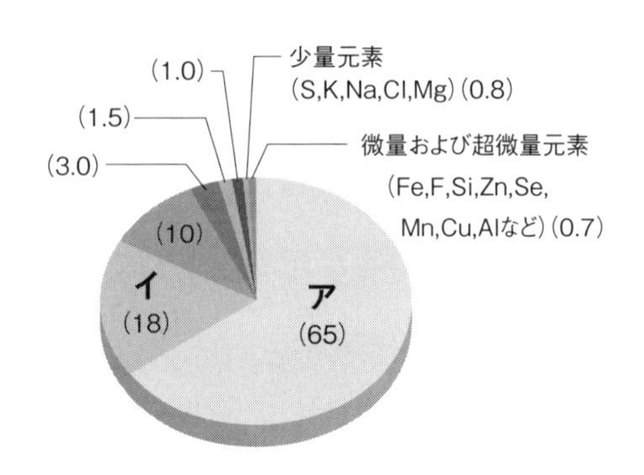

① ア：水素　　イ：ヘリウム
② ア：酸素　　イ：水素
③ ア：酸素　　イ：ケイ素
④ ア：酸素　　イ：炭素

すべての生物が細胞から構成されていることが地球生物の特徴の1つである。次の細胞について述べた文のうち、正しいものを選べ。

① 細胞内小器官のうち、ミトコンドリアと葉緑体は独自のDNAをもつ
② すべての生物が細胞内に核をもっている
③ ミトコンドリアは動物細胞にしかない
④ 動物細胞になくて植物細胞にあるのが液胞と葉緑体である

Q
16

火星のクレーターに命名されているものを次から選べ。

① ASADA
② YAMAMOTO
③ SATO
④ SAHEKI

シリウスの色を赤いと書いている本を選べ。

① プトレマイオスの『アルマゲスト』
② 司馬遷の『史記』
③ ガリレオ・ガリレイの『星界の報告』
④ アイザック・ニュートンの『プリンキピア』

① たんぽぽ計画

たんぽぽ計画は、国際宇宙ステーションの日本の実験棟「きぼう」の曝露部で、微生物や宇宙塵、有機物を採集しようとする計画で、同時に微生物や有機物を宇宙空間に曝露してそこで微生物がどの程度生存できるか、有機物がどのように変成していくかも調べる予定だ。「有機物が宇宙から地球にやってきた可能性はどれくらいあるのか、生命（微生物）が地球から脱出して他の天体（火星や木星など）に到達できるかどうか」を調べることを目的としている。綿毛のついた種子を風に乗せてまき散らす様子が、生命の材料が惑星間空間に広がっていく様子と合致したため、計画にたんぽぽの名がつけられた。

第8回正答率79.8%

④ ア：酸素　　イ：炭素

人体に含まれる元素の上位は1位酸素、2位炭素、3位水素、4位窒素、5位カルシウム、6位リンである。人体（生物）の大部分は水とタンパク質からできている。水は分子式H_2Oでありタンパク質は炭素を骨格とする有機物である。水素は数としては多いが重量が軽いため重量%としては3位になってしまう。なお、①は宇宙における、③は地殻における元素量の1位と2位である。

① 細胞内小器官のうち、ミトコンドリアと葉緑体は独自のDNAをもつ

ミトコンドリアと葉緑体は独自のDNAをもち、かつては別の生物であったものが細胞内に取り込まれて共生するようになり、進化の過程で子孫へと伝えられるようになったものだと考えられている。核のない生物も多く、核をもつ生物を真核生物、核をもたない生物を原核生物と呼ぶ。ミトコンドリアは植物細胞内にも存在する。動物細胞になくて植物細胞にある細胞内小器官は、液胞と葉緑体に加え、細胞壁がある。

④ SAHEKI

SAHEKIは火星の観測者として国際的に有名な佐伯恒夫氏（1916～1996）にちなんでつけられた。提案者は元プラネタリウム解説員の佐藤健氏である。ちなみにASADAやYAMAMOTOは麻田剛立、山本一清にちなんで月のクレーターにつけられた名前である。

第8回正答率38.7%

① プトレマイオスの『アルマゲスト』

赤い星の例として、アルデバラン、ポルックス、とともにシリウスが上がっている。1800年前にシリウスが赤色巨星だったとは考えにくく、「赤い」は「明るい」の意味であろうと言われている。

Q18

次の図は系外惑星の観測データを集約したもので、軌道長半径を横軸に、惑星の質量を縦軸にとったものである。丸で囲まれたグループがホットジュピターに対応している図はどれか。

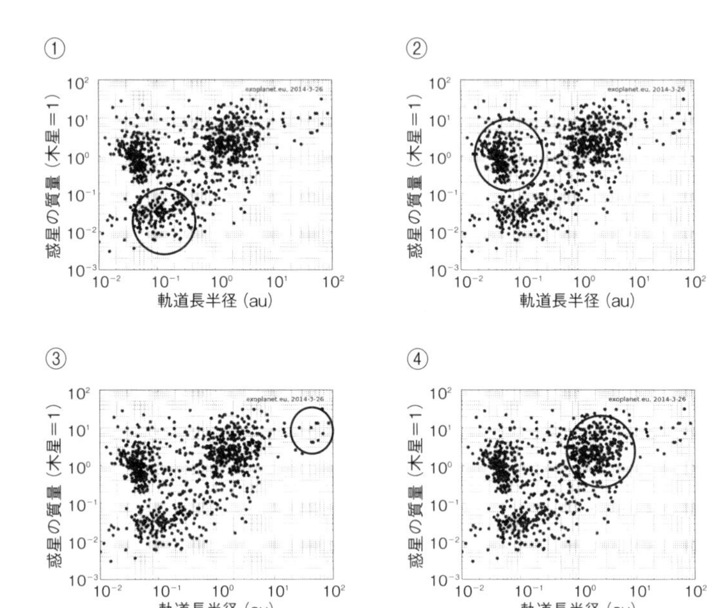

http://exoplanet.eu/

Q19

春分の頃、金星が東方最大離角となったとしよう。この頃、金星が地平線に沈む方角で正しいものを選べ。なお、金星の軌道傾斜角は3.4°である。

① 真西の方向

② 真西よりも北

③ 真西よりも南

④ この情報だけでは定まらない

英語で曜日を表すSunday、Monday、Saturdayはそれぞれ太陽、月、土星にちなんでいるが、それ以外の曜日は何にちなんで付けられているか。

① 北欧神話の神々の名前
② 古代ギリシャ神話の神々の名前
③ キリスト教にゆかりのある人物の名前
④ 番号を表すギリシャ語にちなんだ名前

Q 21

1年の日数がグレゴリオ暦より正確なジャラーリー暦とはどこで使われたものか。

① マヤ
② エジプト
③ ペルシア
④ ギリシャ

Q 22

大安・仏滅などの六曜について、正しい記述を選べ。

① 六曜とは「大安」「仏滅」「先勝」「友引」「赤口」「土用」からなる
② 六曜は月齢を知る目安として昔から使われてきた
③ 六曜は中国においても暦を作る上で重要であった
④ 六曜が暦につけられるようになったのは明治の改暦以降である

②

ホットジュピターは木星級の巨大ガス惑星が中心恒星の至近を周回しているものを指す。したがって質量が大きく（縦軸の上側）、軌道長半径が小さい（横軸の左側）、という条件に該当するのは②である。なお、①は地球型惑星（スーパーアースなど）、③は海王星型惑星、④は木星型惑星に対応する。

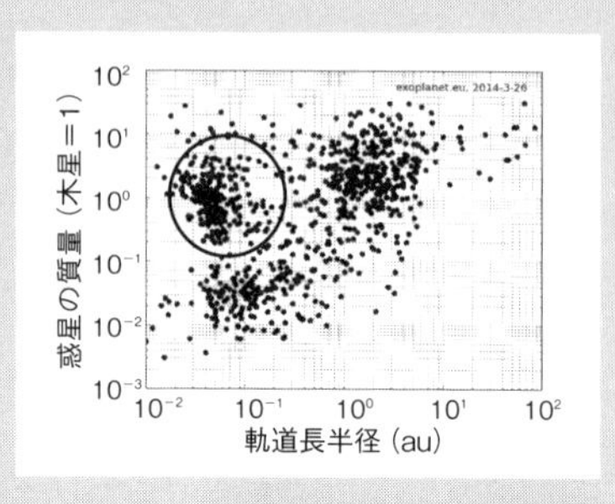

第6回正答率86.8%

② 真西よりも北

金星の軌道傾斜角が3.4°なので、金星は天球上でほぼ黄道に沿って動くと考えられる。また問題文より、金星は東方最大離角であるので、太陽よりも東側の黄道付近に位置する。一方、黄道と天の赤道は、春分点（および秋分点）で交差し、春分点より東側では黄道は天の赤道よりも北側に位置する。このため、問題文の状況では、金星は天の赤道よりも北側に位置し、この結果、金星が地平線に沈むときは、真西よりも北に沈む。

第7回正答率28.1%

① 北欧神話の神々の名前

英語の火曜日から金曜日は北欧神話の神々にちなんだ名前である。火曜日の“Tuesday”は軍神ティル（チュール）の日、水曜日の“Wednesday”は主神オーディンの日（“Odin”が“Woden”または“Wenden”に変化）、木曜日の“Thursday”は雷神トールの日、そして金曜日の“Friday”は愛と美の女神とされるフレイア（フレイヤ）の日である。
Ref. 作花一志『天変の解読者たち』恒星社厚生閣（2013）、P138～140

第6回正答率54.7%

③ ペルシア

ジャラーリー暦は、太陽暦の一種で、現在のイラン暦の元となった暦法。セルジューク朝の詩人・数学者であるウマル・ハイヤーム（1048～1131）の作といわれ、33年間に8回閏年を置いている。

④ 六曜が暦につけられるようになったのは明治の改暦以降である

六曜とは「大安」「仏滅」「先勝」「友引」「赤口」「先負」である。旧暦には、二十四節気などの暦注が正式なものとしてつけられていたが、六曜が暦注につけられた例は日本にはなく、中国にもないとされている。明治の改暦において、暦注を正式な暦に書くことが禁止されたことにより、禁止された「由緒正しい」旧来の暦注の代わりに、これまでは暦注とは思われていなかった六曜が法の隙間を縫って使われるようになったと考えられている。このように日本式の六曜は、暦に関する数々の迷信の中でもきわめて根拠に乏しく由緒もあまり定かでない。にも関わらず六曜が冠婚葬祭を中心とする現代の生活にも少なからず影響しているのはまさに日本的である。

EXERCISE BOOK FOR ASTRONOMY-SPACE TEST

天文時事

Q 1

次の小惑星リュウグウの地図において、「はやぶさ2」の2度目のタッチダウンの地点はどこか。

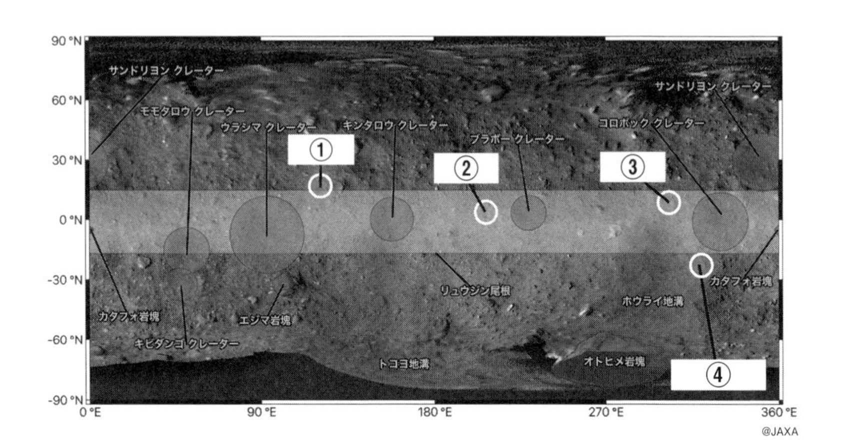

Q 2

国際天文学連合が2019年に実施した系外惑星命名キャンペーンにおいて、日本に割り当てられた、命名対象の系外惑星系の主星（恒星）を選べ。

① HD 8574　　② HD 17156
③ HD 100655　　④ HD 145457

Q 3

2019年に発見された、観測史上2例目となる恒星間天体は、次のうちどれか。

① オウムアムア
② ボリソフ彗星
③ アトラス彗星
④ アロコス（ウルティマ・トゥーレ）

Q4 2019年4月13日に惜しくも75歳で亡くなった海部宣男氏は、国際天文学連合の会長を務めたことがあるが、日本人としては何人目の会長だったか。

① 1人目（日本人初）　② 2人目
③ 3人目　④ 4人目

Q5 2018年11月の国際度量衡総会CIPMで質量の新しい定義がなされたが、質量の単位 kgを定義するのに使われる自然定数はどれか。

① 万有引力定数　② ボルツマン定数
③ アボガドロ数　④ プランク定数

Q6 2018年にNASAは「ふじさん座」などの創作星座を新たに発表した。これは2005年から2015年に発見された、どのような天体を対象としてつくられたものか。

① 約3000個のガンマ線源　② 約3000個のX線源
③ 約300個のガンマ線源　④ 約300個のX線源

Q7 次のうち、探査機「ニューホライズンズ」が冥王星をフライバイした後に探査した天体はどれか。

① セドナ
② アロコス（ウルティマ・トゥーレ）
③ オシリス・レックス
④ クワオワー

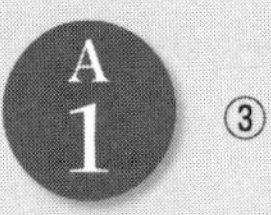

③

「はやぶさ2」は小惑星リュウグウに2度のタッチダウンを成功させた。特に2度目のタッチダウンについては、衝突装置により作成した人工クレーターの近くにタッチダウンし、小惑星の内部物質の採取に成功したと考えられている。①の地点は、小型ローバー「MINERVA－Ⅱ1」の降下地点であり「トリトニス」と名付けられている。②の地点は、1度目のタッチダウン地点であり「たまてばこ」と名付けられている。③の地点が2度目のタッチダウン地点であり「うちでのこづち」と名付けられている。④の地点は、小型ローバー「MASCOT」の降下地点であり「アリスの不思議の国」と名付けられている。

第9回正答率37.4%

④ HD 145457

国際天文学連合は、2015年に引き続き、2019年に系外惑星に名前をつける命名キャンペーンを世界的に実施した。2019年のキャンペーンは、各国ごとに命名する系外惑星系を1つずつ決め、国ごとに割り当てられた系外惑星系について名称を募集、命名することであった。日本に割り当てられた天体は、かんむり座の方向、距離410光年にある恒星HD 145457と、それを公転している巨大ガス惑星 HD 145457 bである。HD 145457 bは、2010年に国立天文台のすばる望遠鏡と岡山天体物理観測所（当時）188 cm反射望遠鏡を用いて発見された。2019年12月、HD 145457はkamuy（カムイ）、HD 145457bはChura（ちゅら）と命名された。HD 8574はフランス、HD 17156はアメリカ合衆国、HD 100655は韓国に割り当てられた系外惑星系の主星である。

② ボリソフ彗星

ボリソフ彗星は2017年に発見されたオウムアムアに次いで2番目に発見された恒星間天体である。太陽に接近する前に発見されたため詳細な観測が行われ、太陽系の彗星に比べ含まれる一酸化炭素の量が非常に多いことなどがわかっている。なおアトラス彗星は2020年に発見され、肉眼彗星になるかもしれないと期待されたものの核が崩壊してしまった彗星、アロコス（ウルティマ・トゥーレ）は探査機「ニューホライズンズ」が接近観測した太陽系外縁天体である。ウルティマ・トゥーレは旧称で、現在ではアロコスと名づけられている。

② 2人目

1943年に生まれた海部宣男氏は、電波天文学の分野で多大な業績を挙げる一方、野辺山電波観測所の建設やハワイのすばる望遠鏡の建設でも中心的な役割を果たした。国立天文台台長やハワイ観測所所長を歴任し、そして、2012年から2015年までは国際天文学連合（IAU）の会長（プレジデント）に就任した。日本人としては、故古在由秀氏以来、2人目である。

④ プランク定数

2018年の第26回国際度量衡総会で、質量の新しい定義として、「キログラムはプランク定数の値を正確に 6.626 070 15 $\times 10^{-34}$ ジュール・秒と定めることによって定義される。」という決議がなされた。プランク定数を定義定数とすることで、エネルギーの単位ジュールが決まり、$E = mc^2$ から質量の単位が決まる。

①約 3000 個のガンマ線源

現在全天には公式には88個の星座が知られているが、NASAはガンマ線天文衛星「フェルミ」の運用10周年を記念して2018年に創作星座（ただし非公式）を発表した。これは10年間にガンマ線源が肉眼で見える恒星の数に匹敵する約3000個発見されたため、ガンマ線源を結んで創作されたものである。この創作星座21個には「ふじさん座」の他に「シュレーディンガーのねこ座」や「ごじら座」などが含まれる。

② アロコス（ウルティマ・トゥーレ）

探査機ニューホライズンズは2015年に冥王星をフライバイ探査したのち、2019年1月1日に太陽系外縁天体アロコス（2014 MU_{69}／旧称ウルティマ・トゥーレ）に接近した。その形状はパンケーキのように扁平だったことが明らかにされている。セドナとクワオワーは太陽系外縁天体かつ準惑星候補天体の一つ、オシリス・レックスはアメリカの小惑星探査機である。

Q 8

次の探査機と目的地の小惑星の組み合わせのうち、誤っているものを選べ。

Q 9

2018年3月14日に惜しくも76歳で亡くなったスティーヴン・ホーキング博士が、晩年に計画していたブレイクスルー・スターショット計画とはどのようなものだったか。

① レーザー光を用いて系外惑星プロキシマ・ケンタウリbに通信を送る

② レーザー推進で小型探査機をアルファ・ケンタウリへ送る

③ 重力波イベントを用いて裸の特異点を探査する

④ 電子陽電子の対消滅現象を利用してタイムトラベルの証拠を探す

2018年に打ち上げられた水星探査機「みお」に関する記述で正しいものを選べ。

① JAXAの水星探査機「みお」と、ESAの水星探査機「BepiColombo」が同時に打ち上がった
②「みお」はフランス領ギアナからアリアン5型ロケットにて打ち上げられた
③ 今回の水星探査はNASAの「マリナー10号」以来2回目である
④「みお」は水星の表面・内部の観測を行うことを主目的としている

Q11

2018年、木星に、新たに12個の衛星が見つかったと報告された。このうち9個は、よく知られているガリレオ衛星と比較すると、変わった特徴をもっているようである。その特徴とは何か。

① ガリレオ衛星よりもずっと早く公転している
② ガリレオ衛星とは逆方向に公転している
③ ガリレオ衛星よりも内側を公転している
④ ガリレオ衛星に比べて非常に大きい

Q12

2018年夏、京都大学が国内最大の口径の反射望遠鏡「せいめい望遠鏡」を岡山県に設置した。せいめい望遠鏡についての記述のうち、誤っているものを選べ。

① 複数の鏡を主鏡とする国内初の分割鏡式望遠鏡である
② 経緯台式の望遠鏡である
③ 望遠鏡の名前は、平安時代の陰陽師安倍晴明ゆかりである
④ 望遠鏡が納められた建物は、国内最大のドーム型の建物である

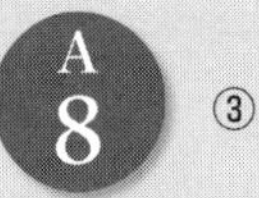

③

①はNASAの探査機「オシリス・レックス」。2016年9月に打ち上げられ2018年12月に目的地の小惑星ベンヌに到着した。②ESAの探査機「ロゼッタ」。2004年3月に打ち上げられ、2014年にチュリュモフ・ゲラシメンコ彗星に到着、同年11月に地表にランダー「フィラエ」を着陸させた。③はJAXAの「はやぶさ2」だが目的地はリュウグウで、画像は「はやぶさ」の目的地のイトカワなので間違い。④はNASAの探査機「ドーン」。2007年9月に打ち上げられ2011年7月に小惑星ベスタに到着した。

② レーザー推進で小型探査機をアルファ・ケンタウリへ送る

1942年に生まれたスティーヴン・ホーキングは、1963年にブラックホールや宇宙最初の特異点が避けられないという特異点定理を（ロジャー・ペンローズと）発表し、1974年にはいわゆるブラックホールの蒸発に関する研究（ホーキング放射）を行い、1991年にはタイムトラベラーが来ていないとする時間順序保護仮説を提唱した。そして晩年の2016年にはロシアの富豪投資家ユーリ・ミルナーらとともに、アルファ・ケンタウリへレーザー推進の小型探査機を送る計画「ブレイクスルー・スターショット計画」を立ち上げた。

第8回正答率58.8%

②「みお」はフランス領ギアナからアリアン5型ロケットにて打ち上げられた

国際水星探査計画「BepiColombo」とは、JAXA担当の「みお」（MMO：Mercury Magnetospheric Orbiter）と欧州宇宙機関（ESA）担当の「MPO」（Mercury Planetary Orbiter）の2つの探査機で水星を探査する計画のこと。すなわち、「BepiColombo」という探査機は存在しない。「みお」は水星の磁気圏を、「MPO」は水星の表面・内部の観測を主目的としており、2つの探査機の同時観測により水星を総合的に探査する。今回の水星探査はNASAの「マリナー10号」、「メッセンジャー」につぎ3例目となる。

第8回正答率46.2%

② ガリレオ衛星とは逆方向に公転している

アメリカ、カーネギー研究所の研究者らにより、2018年7月、新たな12個の木星の衛星を発見したと報告された。このうち9個は、ガリレオ衛星に比べて大きな軌道を、ガリレオ衛星とは逆方向に公転している。なおこの研究には、チリやアメリカ本土にある望遠鏡に加えて、すばる望遠鏡で取得したデータも使われている。

④ 望遠鏡が納められた建物は、国内最大のドーム型の建物である

経緯台式のせいめい望遠鏡の納められた建物の半球形ドームの直径は15 mであって、同じく岡山にある国立天文台の188 cm反射望遠鏡のドーム直径20 mに比べても小型に作られている。

EXERCISE BOOK FOR ASTRONOMY-SPACE TEST

関連分野

振動数を表す記号でギリシャ語のニューはどれか。

① η

② μ

③ ν

④ υ

Q 2

17世紀から18世紀にかけて、多くの星座が新設されたが、その中には王侯貴族の名を冠したものが多くあった。それらのほとんどは、1928年の国際天文学連合による星座再編で廃止されたが、王の名を外して生き残った星座が一つある。それは次のうちどれか。

① こと座

② たて座

③ ぼうえんきょう座

④ かしのき座

Q 3

次のうち、渋川春海が設定した日本独自の星座でないのはどれか。

① 御息所

② 陰陽寮

③ 厠

④ 松竹

次のうち、マゼラン雲が所属する星座ではないものはどれか。

① かじき座
② きょしちょう座
③ ケンタウルス座
④ テーブルさん座

Q5

国際天文学連合によって星座はそれぞれ天球上での領域が定められている。1つの星座であるにもかかわらず、領域が2つに分かれている星座はどれか。

① へびつかい座
② へび座
③ みずへび座
④ うみへび座

Q6

次の天文学者あるいは物理学者の中から、公に刊行されたSF小説を書いていない人物を選べ。

① フレッド・ホイル
② カール・セーガン
③ ロジャー・ペンローズ
④ フリーマン・ダイソン

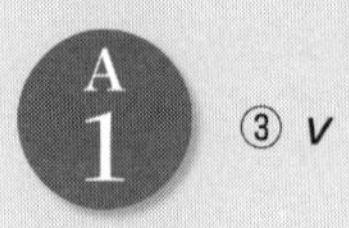

③ ν

①はエータ、②はミュー、④はウプシロン。英語のアルファベットは、そもそもギリシャ語のアルファとベータから来ている。ギリシャ語のアルファベット24字（異体字を入れるともう少し多い）は、星の名前（バイエル符号）だけでなく、さまざまな変数で用いられる。プロの天文学者でも読み書きできない人が多いが、ギリシャ文字は、文字と読み方だけでなく、文字の書き順まで含め、ぜひ、完全に暗記して欲しい。

② たて座

たて座は、元々は「ソビエスキのたて座」と呼ばれていた。ソビエスキはポーランド王ヤン三世ソビエスキのことで、第二次ウィーン包囲の際、ポーランド軍を率いてオスマントルコを撃退したことで知られる。ポーランドのアマチュア天文家ヨハネス・ヘヴェリウスの天文台が火事で焼失した際、その債権の援助をしたことでヘヴェリウスがたて座を作ったと言われている。①のこと座は古代からある星座（ジョージのこと座というイギリス王ジョージ三世の名を冠した星座が以前はあったが、それとは別物）。ぼうえんきょう座は18世紀に新設された星座だが、特に王侯貴族の名を冠したものではない（ハーシェルのぼうえんきょう座が以前はあったが、それとは別物）。かしのき座はチャールズのかしのき座と言われイギリス王チャールズ二世を称えた星座であったが、今は使われていない。

③ 厠

江戸時代以前、日本では主に中国から伝えられた星座（星官）が使われてきたが、貞享暦を編纂した渋川春海らが独自に設定した星座が存在する。御息所は現在のこぐま座付近、陰陽寮は現在のしし座付近、松竹は現在のろ座付近にあった。厠も実在する星座でうさぎ座付近に位置するが、これは中国でつくられたものである。

③ ケンタウルス座

小マゼラン雲はきょしちょう座に、大マゼラン雲はかじき座からテーブルさん座にまたがって位置している。

② へび座

へび座は、もともとはへびつかい座の一部であったが、2世紀にクラウディオス・プトレマイオスが独立した星座とした。しかしその後も17世紀のジョン・フラムスティードやヨハネス・ヘヴェリウスは1つの星座として扱っていたが、1922年の国際天文学連合総会でそれぞれ別の星座として確立され、ベルギーの天文学者ウジェーヌ・デルポルトによって現在の形に分割された。うみへび座は最大の星座だが、領域は1つである。

第8回正答率37.0%

③ ロジャー・ペンローズ

フレッド・ホイルは『アンドロメダのA』など多くのSFを書いている。カール・セーガンもファーストコンタクトSF『コンタクト』で有名である。SF作家として知られていないのは、③のロジャー・ペンローズと④のフリーマン・ダイソンであるが、ダイソンは9歳の時に未完のSFを書いており、これが『ガイアの素顔』に収録されている。

Q7 宮沢賢治の『銀河鉄道の夜』で「眼(め)もさめるような、青宝玉(サファイア)と黄玉(トパース)の大きな二つのすきとおった球が、輪になってしずかにくるくるとまわっていました。」と表現された天体は何か。

① ミザール
② ベテルギウスとリゲル
③ 地球と月
④ アルビレオ

Q8 万葉集に採録されている柿本人麻呂の和歌「天漢 梶音聞 孫星 与織女 今夕相霜」は、次のうち何を題材にしたものか。

① 十五夜
② 流星
③ 七夕
④ 日食

Q9 次のSF作品には、いずれも宇宙エレベータが登場する。このうち最も早く宇宙エレベータを登場させた作品はどれか。

① 『楽園の泉』
② 『星々に架ける橋』
③ 『果しなき流れの果に』
④ 『レッド・マーズ』

イギリスの人気推理小説『シャーロック・ホームズ』には、敵役としてモリアーティ教授が登場する。この犯罪の天才の教授の専門は数学であり、天文学に関する著書（論文）もあることになっている。その著書（論文）名を選べ。

① 小惑星の力学
② 彗星の軌道
③ 隕石の統計
④ 火星の摂動

Q11

2016年に公開された映画『オデッセイ』は火星探査をテーマにした映画であり、惑星科学者からもリアルであると絶賛された。しかし、映画中、明らかにおかしいと思われる点があった。それは何か。

① 火星の暴風により、脱出ロケットに転倒の危機がおとずれた
② 火星でジャガイモを作るが、それには地球から持ち込んだ土が必要だった
③ 熱源として、原子力電池を使っていた
④ 火星と地球を往還する母船ヘルメスに、スポーツジムがあった

Q12

フレッド・ホイルは元素合成や定常宇宙論などで著名な天文学者であるが、一方でSF作家でもある。映画『スピーシーズNEO』はホイルのあるSF小説を原作としているが、それはどれか。

①『暗黒星雲』
②『秘密国家ICE』
③『アンドロメダのA』
④『10月1日では遅すぎる』

④ アルビレオ

この一文は、はくちょう座の二重星アルビレオを表したもの。主星がオレンジ色、伴星が青色に見えるため、賢治はそれをトパーズとサファイアに喩えた。なお、ミザールも二重星だが、主星伴星とも青白く見える。

③ 七夕

この和歌をひらがなで書けば「あまのかわ　かぢのおときこゆ　ひこほしと　たなばたつめと　こよひあふらしも」となる。天の川、彦星、棚機女（織姫星）が出てきていることから、七夕とわかる。

第9回正答率73.0%

③『果しなき流れの果に』

アーサー・C・クラーク作の①は1979年。チャールズ・シェフィールド作の②は1979年で、奇しくも独立して同じ題材を扱ったSFがほぼ同時期に出版された。キム・スタンリー・ロビンソン作の④は1992年で、クライマックスで火星の宇宙エレベータがテロで倒壊する場面を描く。小松左京作の③は1966年。アルツターノフによる軌道エレベータの実証的考察が1959年であり、欧米での軌道エレベータに関する情報普及が1975年のピアソン以降であることを考えると、既にこの時期に宇宙エレベータ（軌道エレベータ）を登場させていた小松の先見性は驚異的である。

第4回正答率12.0%

① 小惑星の力学

英題は、“*The Dynamics of an Asteroid* ”である。もちろん、モリアーティ教授ともども実在しないものである。しかし、その内容について、いろいろ想像して議論する「遊び」が、シャーロック・ホームズファンの間で行われている。著名なSF作家アイザック・アジモフは、地球を爆砕して小惑星にするとどうなるか、という犯罪計画書ではないかという推論をしている。

① 火星の暴風により、脱出ロケットに転倒の危機がおとずれた

火星は確かに秒速100 mという超暴風が吹き荒れることがある。しかし、空気が薄く地球の100分の1程度の気圧なので風圧という点では地球上の秒速10 m程度の風にしかならない。その程度で脱出ロケットが転倒するという設定はいささかおかしい。他は、実際にありうる設定。火星には、少なくとも表面には植物が育つのに必要な土壌中のバクテリアがおらず、地球から持ち込んだ土が有効であった。原子力電池は、アメリカの火星探査機「キュリオシティ」でも、探査機を夜間冷やさない熱源として使われている。放射線被曝の可能性もあるが、サバイバルの道具としては有効。スポーツジム設備は国際宇宙ステーションなどにもあり、人類の長期宇宙滞在には不可欠。

第8回正答率43.7%

③『アンドロメダのA』

『アンドロメダのA』は宇宙からの信号にDNA合成の情報が含まれていて、それに基づく生物をつくったら…という話で、1961年にイギリスでテレビシリーズが放映、2006年に映画化された。映画の邦題は『スピーシーズNEO』と付けられた。『暗黒星雲』は深宇宙から飛来した“暗黒星雲”が太陽を隠してしまって大変なことになるが、実は“暗黒星雲”は……という話。『10月1日では遅すぎる』は時間SFの傑作。

Q 13

海外TVドラマ『スタートレック』に登場するワープ技術は、どの理論に基づくものか。

① ワープバブル理論
② ワームホール理論
③ トランスワープ理論
④ 亜空間トンネル理論

Q 14

次の図と同じような画像が出てきた映画のタイトルを選べ。

①『ディープ・インパクト』
②『さよならジュピター』
③『ブラックホール』
④『インターステラー』

©NASA

Q 15

2020年6月現在で、国際宇宙ステーション（ISS）に長期（1ヶ月以上）滞在したことがない宇宙飛行士を選べ。

① 野口聡一
② 星出彰彦
③ 山崎直子
④ 古川聡

東京都三鷹市にある国立天文台三鷹キャンパスにある古い建築物のいくつかは、国の登録有形文化財に指定されている。では、次のうち指定されていないものはどれか。

① 大赤道儀室
② 太陽分光写真儀室（塔望遠鏡）
③ レプソルド子午儀室
④ 第一赤道儀室

すばる望遠鏡などがあるハワイ島マウナケア山に関する記述として、適切でないものを選べ。

① 観測を妨げる水蒸気が少ない乾燥した安定な気候が天文観測に適している
② 山頂付近は乾燥しているために水源が全くない
③ マウナケア山には今でも多くの遺跡が残っている
④ マウナケア山頂地域には固有種の昆虫が生息している

① ワープバブル理論

ワープ航法とは、光速の数千倍もの速度で船を移動させるテクノロジーである。ワープバブルによる航法では、亜空間の泡（バブル）の膜で宇宙船を覆うことで宇宙定数をゼロに近づけ、それによって通常空間を光の何千倍ものスピードで（滑るように）移動する。ワープバブル理論によるワープ航法は（実用化されてはないが）、科学者によって真面目に議論されていて、遠い将来には実用可能かもしれない。トランスワープ航法やワームホール航法では、チューブ状の亜空間の中を飛行するものだが、科学的な根拠は薄いとされる。

④『インターステラー』

映画『インターステラー』に出てきたブラックホールの描像は、相対論の大御所キップ・ソーンらがアドバイスして作成したことで話題となった。周辺の光るプラズマの影絵としてブラックホール領域が中央にみえている。ただし、ブラックホール近傍の光線はブラックホールに吸い込まれるため、中央の黒い領域は、ブラックホールの幾何学的なサイズよりも大きい。『ディープ・インパクト』は彗星が地球に衝突して大災害を起こす映画。『さよならジュピター』は小松左京原作で、太陽系内に飛び込んできたブラックホールを、木星を使って排除する映画。『ブラックホール』はいろいろな意味で噂となったディズニー映画。

③ 山崎直子

野口聡一は第22次・23次滞在クルーとして2009年12月から約5ヶ月間滞在。古川聡は第28・29次滞在クルーとして2011年6月より5ヶ月半滞在。星出彰彦は第32次・33次クルーとして2012年7月より約4ヶ月滞在。山崎直子は、2010年4月のスペースシャトルでのミッション（STS－131）で宇宙ステーションに約2週間滞在し、このときに長期滞在中の野口聡一と合流、はじめて2人の日本人が宇宙で出会うことになった。

③ レプソルド子午儀室

②の太陽分光写真儀室（塔望遠鏡）はアインシュタイン塔とも呼ばれる1930年完成の施設で、1998年に文化財指定を受けた。また、①と④は2002年に文化財指定を受けている。①の大赤道儀室は1926年竣工で、65 cm屈折望遠鏡が設置されていたが、現在は国立天文台歴史館として公開されている。また④の第一赤道儀室は1921年に建てられ、太陽観測用の20 cm屈折望遠鏡が設置されていた。③は1925年に建てられた。建物自体は文化財指定を受けていないが、中に設置・展示されているレプソルド子午儀が2011年に国の重要文化財に指定された。

② 山頂付近は乾燥しているために水源が全くない

マウナケア山は現地の先住民たちにとって神聖な場所である。先住民たちはマウナケア山を先祖の骨が眠る場所と信仰し、実際に数多くの史跡、遺跡、神殿、遺骨などが存在する。山頂付近の標高3970 mの地点にワイアウ湖という湖がある。ここはハワイの伝統文化において重要な場所とされており、赤ん坊を産んだ母親は、その赤ん坊のへその緒をワイアウ湖に投げ入れ願掛けするという文化がある。マウナケア山頂付近には、ヴェーキウ・バグというここにしか存在しない昆虫が生息しており、標高の低いところから吹き上げられてきた虫の死骸などを食べて生活している。

第9回正答率48.7%

監修委員（五十音順）

池内　了……総合研究大学院大学名誉教授
黒田武彦……元兵庫県立大学教授・元西はりま天文台公園園長
佐藤勝彦……明星大学客員教授・東京大学名誉教授
沢　武文……愛知教育大学名誉教授
柴田一成……同志社大学客員教授・京都大学名誉教授
土井隆雄……京都大学特任教授
福江　純……大阪教育大学教育学部天文学研究室教授
藤井　旭……イラストレーター・天体写真家
松井孝典……千葉工業大学惑星探査研究センター所長・東京大学名誉教授
松本零士……漫画家・（公財）日本宇宙少年団理事長
吉川　真……宇宙航空研究開発機構准教授・はやぶさ2ミッションマネージャ

天文宇宙検定　公式問題集
1級 天文宇宙博士　2020～2021年版

天文宇宙検定委員会　編

2020年7月20日　初版1刷発行

発行者　片岡　一成
印刷・製本　株式会社ディグ
発行所　株式会社恒星社厚生閣
〒160-0008
東京都新宿区四谷三栄町3番14号
TEL　03（3359）7371（代）
FAX　03（3359）7375
http://www.kouseisha.com/
http://www.astro-test.org/

ISBN978-4-7699-1649-9 C1044

（定価はカバーに表示）